Aspen Plus를 이용한 냉동공정 설계

조정호 저

도서출판 아진
A-JIN

"내가 가는 길을 그가 아시나니 그가 나를 단련하신 후에는 내가 순금 같이 되어 나오리라 (욥23 : 10)"

머리말

현재까지 나와 있는 냉동 공학 관련 저서는 주로 기계 열역학이나 화공 열역학에서 하나의 장으로 구분되어 구성되어 있다. 카로노 사이클에 기반을 둔 카르노 냉동기의 성능 계수에 대한 개념적인 소개를 바탕으로 해서 증기 재압축 냉동사이클과 흡수식 열펌프 그리고 다단 또는 다원 냉동 사이클에 대한 원리 위주로 설명되어 있는 것이 대부분이었다고 해도 과히 크게 틀린 말은 아닐 것이다.

이 책의 두드러지는 첫 번째 특징은 바로 본 교재에 수록되어 있는 수식은 가급적이면 중간 과정을 생략하지 않고 모두 친절하게 한 줄, 한 줄 모든 유도과정을 설명해 놓았다는 것이다. 이것은 어찌 보면 지면을 낭비하는 것처럼 보일 수도 있으나 냉동 공학이 열역학과 유체역학 및 열전달을 기본으로 하는 학문인만큼 초보자들도 쉽게 공부할 수 있도록 하고자 하는 의도가 있다고 할 수 있다.

이 책의 두 번째 특징은 바로 AspenTech사의 Aspen Plus 범용성 공정모사기를 주로 활용하여 각종 냉동 공정에 대한 해석과 문제풀이에 활용하였다는 점을 들 수 있다. 이 책에서 처음 소개되는 냉동 사이클에 대한 예제 문제들에 대해서는 Aspen Plus를 활용한 전산모사 절차에 대해서 매우 친절하게 설명되어져 있으며, 유사한 예제의 연습을 위해서 충분한 양의 연습문제를 각 장의 뒷부분에 수록하였다.

이 책의 세 번째 특징이라고 하면, 냉동 공정에 대한 해석을 다룬 대다수의 교과서에서처럼 P-H, P-T 혹은 T-S 다이어그램을 정성적으로 다루었지만, 본 저서에서는 정량적인 해석을 시도하였다는 것이다. 즉 본 저서에서 다룬 모든 냉매 또는 작동유체의 실제 물성 데이터를 이용해서 P-H, P-T 또는 T-S 다이어그램에 대한 해석을 시도하였다는 것이다.

이 책의 구성은 기본적으로 증기 재압축 냉동 사이클에 대한 여러 가지 내용을 수록하였다. 1장에서는 공정의 온도를 낮출 수 있는 여러 가지 방법을 소개한다. 줄-톰슨 팽창의 원리와 기체의 압력을 낮추면 대부분의 기체의 온도는 떨어지지만, 수소, 헬륨 및 아르곤의 경우는 예외인 것을 정량적으로 설명하며, 터보 팽창기와 줄-톰슨 팽창을 서로 비교하였다. 냉매를 이용한 증기 재압축 냉동 사이클에 대한 기본원리를 설명하기 위해서 카르노 사이클의 효율을 유도하였으며, 카르노 냉동기의 성능계수 또한 자세한 유도과정을 설명하였다. 한편 실제적인 증기 재압축 냉동 사이클의 구성을 P-H 선도와 T-S 선도상에서 설명하였다. 2장에서는 순수성분 냉매의 기본적인 물성을 추산하는 내용을 다루었다. 냉매로 사용되는 수십 종의 냉매에 대한 가장 중요한 기본물성인 분자량, 끓는점 및 표준 액상 밀도를 정리하였다. 냉매의 가장 중요한 온도의 의존하는 물성으로 대표적인 증기압을 추산하여 그래프로 도시한 후에 압축기의 소요 동력을 추산하기 위한 냉매 응축기에서의 압력과 냉매 증발기에서의 압력을 추산하였다. 그리고 온도에 따른 잠열과 비열을 추산하였다. 3장에서는 냉동 사이클의 전산모사를 위한 열역학 모델식으로 각종 상태방정식 모델식에 대해서 매우 상세하게 소개하였다. 냉매의 가장 중요한 물성인 온도에 따른 증기압을 추산하는 3가지 방법에 대해서 상세하게 소개하였으며, 반데르발스 상태방정식에서 출발하여 이의 단점을 보완한 최초의 Alpha 함수를 가지는 Redlich-Kwong 상태방정식과 이심인자를 최초로 도입한 Pitzer 모델을 소개하고, Redlich-Kwong 상태방정식과 이심인자를 결합한 Soave가 변형한 Redlich-Kwong 상태방정식을 유도하였으며, 한편 Soave의 상태방정식의 한계점에 대해서도 설명하였다. 그리고 Soave-Redlich-Kwong(SRK) 상태방정식과 쌍벽을 이루는 Peng-Robinson(PR) 상태방정식의 에너지 및 크기 매개변수를 유도하였으며, SRK와 PR 상태방정식의 단점인 액상밀도 추산에 취약하다는 것을 PRO/II의 윈도우 화면을 통해서 설명하였다. 순수성분의 온도에 따른 증기압을 좀 더 잘 추산하기 위한 새로운 Alpha 함수들을 소개하였으며, 혼합물의 K-value를 잘 추산하기 위한 다양한 혼합규칙을 소개하였으며 반데르발스 혼합규칙에 대해서 SRK 및 PR 상태방정식에 적용하여 유도과정을 소개하였다. 비삼차형 상태방정식들인 BWRS 상태방정식에 대해서 간략하게나마 소개하였으며 GERG-2008 모델식에 대해서는 치명적인 단점에 대해서 정리하였다. 또한 차세대 열역학 모델식으로 알려진 SAFT 모델식과 PC-SAFT 모델식에 대해서 장점을 소개하였으며, 아직은 화학공정 모사기에서 사용하기에 매우 불편한 이유에 대해서도 상세하게 설명하였다. 4장에서는 증기 재압축 냉동 사이클에 대한 전산모사 절차에 대해서 매우 상세한 설명을 시도하였다.

차 례

제 1장 온도를 낮추는 방법

이 장을 주의 깊게 학습한 독자들은 다음과 같은 사항들을 익히게 될 것이다.

- 온도의 정의 및 4가지 온도 체계에 대한 이해 및 온도 체계 사이의 상관관계식의 이해
- 공랭식과 수냉식 열교환기에서 떨어뜨릴 수 있는 유체의 온도에 대한 이해
- 줄-톰슨 팽창과정의 이해 및 정의와 줄-톰슨 팽창계수의 부호가 가지는 의미에 대한 이해
- 수소, 헬륨 및 네온의 경우에 줄-톰슨 팽창 후에 온도가 상승하는 것에 대한 의미
- 몇 가지 순수성분 냉매에 대한 반전곡선의 해석
- 반전온도의 의미에 대한 해석
- 보일온도에 대한 물리적 의미에 대한 해석
- 몇 가지 기체에 대한 보일온도의 계산
- 주어진 온도에서 냉매의 기포점 압력 계산의 의미
- 주어진 온도에서 냉매의 이슬점 압력 계산의 의미
- 줄-톰슨 팽창밸브와 터보 팽창기의 차이
- 순수성분 냉매의 혼합냉매의 차이
- 여러 가지 냉매의 명명법
- 카르노 열 기관과 효율의 정의에 대한 이해
- 카르노 냉동기의 성능 계수의 정의에 대한 이해
- 증기 재압축 냉동 사이클에 대한 기본적인 구성에 대한 이해
- 증기 재압축 냉동 사이클에 적용한 $T-S$ 선도의 이해
- 증기 재압축 냉동 사이클에 적용한 $P-H$ 선도의 이해

1.1. 온도란 무엇인가?

온도의 정의는 '물체의 뜨거움의 정도를 나타내는 척도(a measure of hotness of matter)' 라고 할 수 있다. 온도 체계는 섭씨온도(°C), 화씨온도(°F)와 절대온도인 켈빈온도(K)와 랭킨온도(R)의 4가지가 있다. 우리 일상생활에서 가장 많이 쓰는 온도 체계는 섭씨온도로써 기준점은 1기압 조건하에서 순수한 물의 어는점과 끓는점으로 정하였다. 1기압 조건하에서 순수한 물과 얼음이 공존할 때를 'Ice point' 라고 하며, 이를 0°C로 정하였다. 또한 1기압 조건하에서 순수한 물과 수증기가 공존할 때를 'Steam point' 라고 하여 이를 100°C로 정하였다. 그 사이의 온도를 일백등분하여 0°C에서 100°C 까지 1°C 간격으로 눈금을 정하였다.
아래의 [그림 1.1.1]에는 물과 얼음이 공존하고 있을 때의 사진을 나타내었다. 한편 순수한 물의 온도를 올리면 물의 표면에서 증기가 발생하기 시작한다. 이 수증기압은 온도가 높아질수록 증가한다. 물의 온도를 계속 올려서 물의 증기압이 외부의 표준 대기압인 1기압과 같아지면 물의 증발은 물 표면에서뿐만 아니라 물 전체에서 증발이 일어난다. 이때를 물의 끓는점이라고 하고 100°C로 정했다. 아래의 [그림 1.1.2]에는 1기압 조건하에서 물과 수증기가 공존하는 사진을 나타내었다.

[그림 1.1.1] 1기압 조건하에서 순수한 물과 얼음이 공존하는 경우: 0°C

[그림 1.1.2] 1기압 조건하에서 순수한 물과 수증기가 공존하는 경우: 100°C

화씨온도는 물이 어는 온도를 32°F로 물이 끓는 온도를 212oF로 정하고 이를 180등분하여 1°F의 간격을 정하였다. 캘빈온도란 기체분자 운동론에 입각한 온도 체계로써 운동에너지는 온도에 비례하고 절대영도에서는 기체분자의 운동이 정지된다. 온도 등분은 섭씨온도와 동일하다. 아래의 [그림 1.1.3]에는 섭씨온도 체계와 화씨온도 체계를 비교하여 나타내었다. 또한 아래의 식 (1.1.1)에는 섭씨온도 체계와 화씨온도 체계 사이의 관계식을 나타내었다. 또한 아래의 [그림 1.1.4]에는 섭씨온도 체계와 캘빈온도 체계를 비교하여 나타내었다. 또한 아래의 식 (1.1.2)에는 섭씨온도 체계와 캘빈온도 체계 사이의 관계식을 나타내었다.

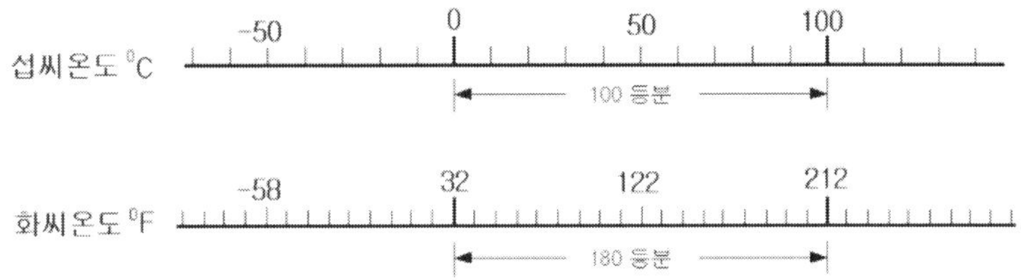

[그림 1.1.3] 섭씨온도 체계와 화씨온도 체계 사이의 비교

$$y(^oF) = 1.8x(^oC) + 32 \tag{1.1.1}$$

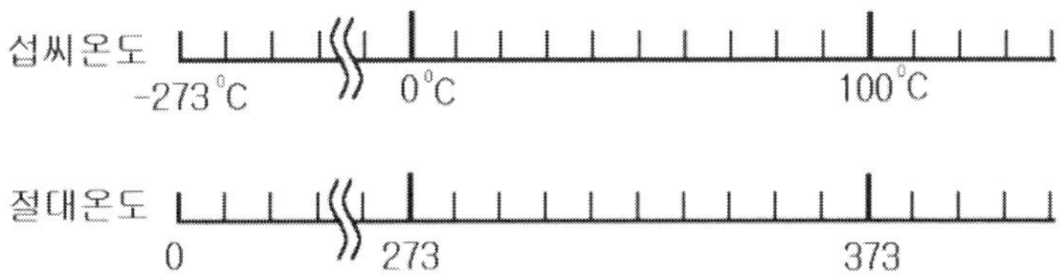

[그림 1.1.4] 섭씨온도 체계와 캘빈온도 체계 사이의 비교

$$y(K) = (^oC) + 273.15 \tag{1.1.2}$$

캘빈온도는 절대온도이며 랭킨온도 또한 절대온도이다. 화씨온도와 랭킨온도 사이의 관계식은 다음의 식 (1.1.3)에 나타내었다.

$$y(R) = (^oF) + 459.67 \tag{1.1.3}$$

우리가 일상생활에서 가장 많이 사용하는 있는 온도척도는 섭씨온도계가 맞지만 이공계 논문이나 교과서에서는 국제 표준(SI) 단위를 사용할 것을 권장하고 있으며, 이미 1960년에 불란서 파리에서 과학자들과 공학자들이 모여서 회의를 통해서 국제 표준 단위의 사용을 결의하였다. 하지만 이 책에서 많이 사용하는 전산모사 프로그램인 PRO/II with PROVISION(이하 PRO/II)의 가장 최신 버전인 10.2에서도 디폴트 단위계는 절대온도인 켈빈온도를 포함하고 있는 SI 단위계도 아니고, 섭씨온도를 포함하고 있는 Metric 단위계도 아닌 English 단위계가 디폴트로 되어 있는 것을 아래의 [그림 1.1.5]를 보면 알 수 있다.

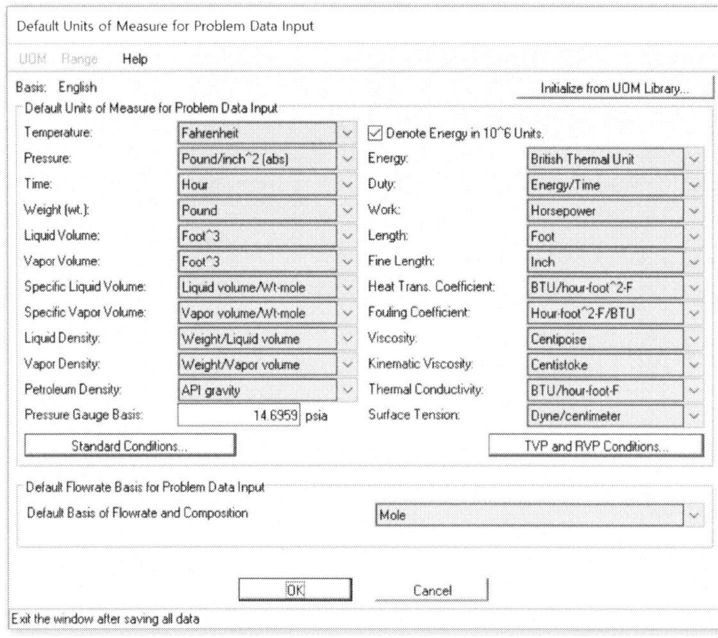

[그림 1.1.5] 디폴트 단위계로 English 단위가 지정된 PRO/II 화면

1.2 공랭식 및 수냉식 냉각에 의해서 낮출 수 있는 온도

공정이나 유체의 온도를 낮추는 가장 간단한 방법은 바로 팬(fan)을 가동함으로써 차가워진 공기를 이용하는 공랭식 냉각기일 것이다. 공랭식 열교환기에 의해서 낮출 수 있는 공정의 온도는 대략 50℃로 보면 될 것이다. 공랭식 냉동에 의해서 소모되는 에너지는 팬을 가동하는 동력이다. 가정이나 사무실에서 쉽게 볼 수 있는 팬의 사용의 예로는 바로 선풍기를 들 수 있을 것이다. 아래의 [그림 1.2.1]에는 팬을 사용해서 공정의 온도를 50℃까지 낮추는 열교환기를 개념적으로 나타내었다. 선풍기에서 1단, 2단 및 3단으로 올릴수록 팬이 돌아가는 속도는 점점 더 빨라지며 소모되는 전기는 더욱 많아지게 된다. 또 다른 예로는 가정이나 사무실에서 사용하는 에어컨을 예로 들 수 있다. 흔히 실외기로 불리는 열교환기가 바로 공랭식 열교환기에 해당한다. 선풍기를 가동하는 비용보다 에어컨을 가동하게 되면 소모되는 전력은 수배에서 십 수배에 달하는데 이는 공기의 속도를 높이는 팬의 사용 전력보다 냉매 기체의 압력을 수 기압에서 10여 기압으로 올리는 냉매 압축기에서 사용하는 전력이 훨씬 더 크기 때문이다.

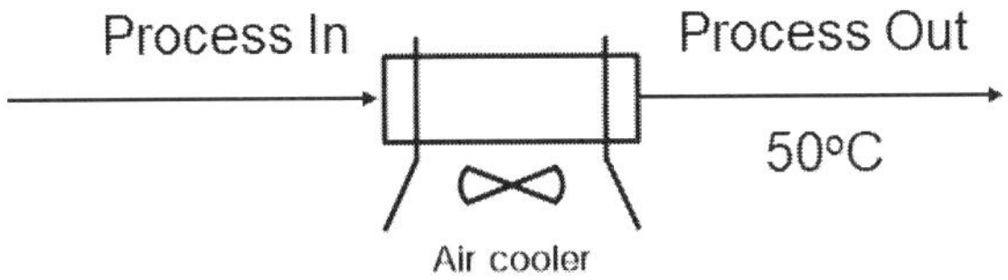

[그림 1.2.1] 공랭식 열교환기의 개념도

두 번째로 공정의 온도를 낮추는 방법은 바로 공기 다음으로 우리 주변에서 가장 흔하게 얻을 수 있는 냉매 중의 하나인 냉각수를 사용하는 것이다. 아래의 [그림 1.2.2]에는 냉각수를 이용한 냉각기에 대한 개요도를 나타내었다. 냉각수의 공급온도를 가장 더운 여름철을 기준으로 해서 32℃로 공급되고, 회수온도를 40℃라고 한다면, 냉각수와의 온도 차이를 5℃라고 했을 때 냉각수를 활용해서 낮출 수 있는 온도는 45℃ 가량으로 보면 될 것이다. 가열된 냉각수는 냉각탑으로 보내져서 다시 32℃로 냉각된 후에 다시 공정으로 보내진다.

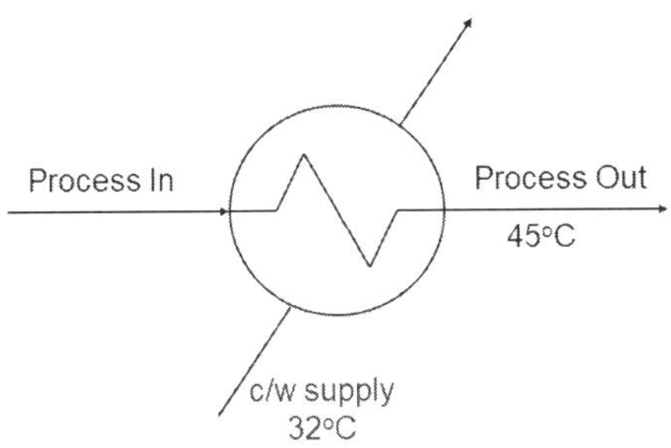

[그림 1.2.2] 공랭식 열교환기의 개념도

1.3 줄-톰슨 팽창에 의한 냉각

공랭식이나 수냉식에 의한 공정의 냉각 이외에 공정상의 유체의 압력 조건을 변경시킴으로써 냉각 효과를 얻을 수 있는 방법은 바로 줄-톰슨 팽창에 의한 것이다. 줄-톰슨 팽창 밸브에 의한 냉각은 냉동액체 즉, 액체화된 기체(Liquefied gas)로써 아래의 [표 1.3.1]에는 몇 가지 순수성분 및 혼합기체들에 대한 분자량과 표준 끓는점을 나타내었다. 기체를 액화시키는 목적은 동일한 부피의 저장용기에 대량으로 보관하거나 이송이 용이하기 때문이며, 대량으로 장시간 사용이 가능하기 때문이다. [표 1.3.1]에 나열한 대부분의 기체는 공정의 온도를 떨어뜨리기 위한 냉동 사이클의 냉매로 사용되는 것들이다.

[표 1.3.1] 몇 가지 순수성분 의 분자량과 표준 끓는점

기체	분자량	표준 끓는점 (°C)
헬륨(4)	4.0026	−268.93
수소	2.01588	−252.76
네온	20.1797	−246.04
질소	28.0135	−195.81
일산화탄소	28.0104	−191.45
산소	31.9988	−182.96
메탄	16.0428	−161.49
에틸렌	28.0538	−103.74
에탄	30.0696	−88.60
이산화탄소	44.0098	−78.47
프로판	44.0965	−42.04
암모니아	17.0306	−33.43
노말 부탄	58.1234	−0.50

기체의 압력을 외부와 열 교환 없이 갑자기 압력을 낮추게 되면 수소와 헬륨 및 네온을 제외하고는 모든 압력변화에 대해서 온도가 떨어지게 된다. 줄-톰슨 팽창과정은 등 엔탈피 과정이다. 왜냐하면 급격하게 압력을 떨어지게 되고 밸브를 통해서 유체가 순식간에 흘러가 버리므로 외부와 열 교환이 이루어질 시간이 거의 없기 때문에 등 엔탈피 과정이라고 보아도 무방하다. 아래의 [그림 1.3.1]에는 줄-톰슨 팽창밸브의 개념도를 도식적으로 나타내었다. 줄-톰슨 팽창밸브의 원리는 팽창에 따른 기체운동의 저하, 즉 온도감소를 이용하는 것으로 아래의 [그림 1.3.2]에 그 원리를 나타내었다.

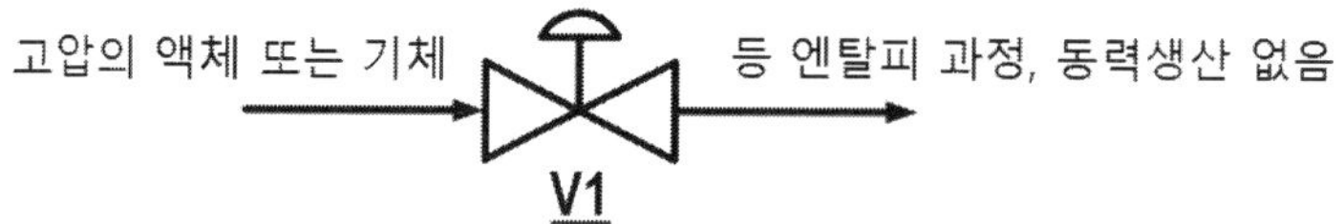

[그림 1.3.1] 줄-톰슨 팽창 밸브

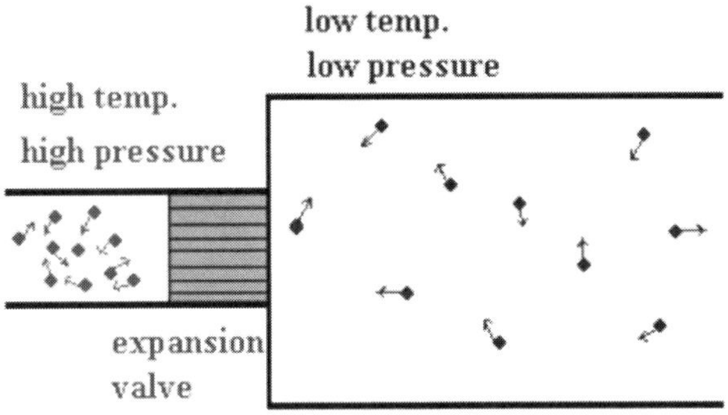

[그림 1.3.2] 줄–톰슨 팽창 효과에 대한 개념도

줄–톰슨 팽창에 대해서 엔탈피에 대한 온도와 압력의 함수로 표현한 전미분을 생각해 보면 아래의 식 (1.3.1)과 같이 쓸 수 있다.

$$dH = \left(\frac{\partial H}{\partial P}\right)_T dP + \left(\frac{\partial H}{\partial T}\right)_P dT \tag{1.3.1}$$

우변의 두 번째 항에서 $\left(\frac{\partial H}{\partial T}\right)_P = C_P$이다. 그리고 줄–톰슨 팽창과정은 등엔탈피 과정이므로 $dH = 0$이다. 이를 위의 식 (1.3.1)에 적용하면 다음의 식 (1.3.2)와 같아진다.

$$dH = 0 = \left(\frac{\partial H}{\partial P}\right)_T dP + C_P dT \tag{1.3.2}$$

위의 식 (1.3.2)를 변형하면 아래의 식 (1.3.3)을 얻는다.

$$\left(\frac{\partial H}{\partial P}\right)_T = - C_P \left(\frac{\partial T}{\partial P}\right)_H \tag{1.3.3}$$

위의 식 (1.3.3)에서 줄–톰슨 팽칭계수의 정의는 아래의 식 (1.3.4)에 나타내었다.

$$\mu = \left(\frac{\partial T}{\partial P}\right)_H \tag{1.3.4}$$

위의 식 (1.3.4)의 줄–톰슨 팽창계수의 정의는 다음과 같다. 즉, 엔탈피가 일정하게 유지되는 조건에서 유체의 압력변화에 대한 온도변화의 비라고 할 수 있다. 줄–톰슨 팽창밸브에서는 압력은 항상 낮아지기 때문에 위의 식 (1.3.4)에서 분모 항은 항상 음수가 된다. 위의 식 (1.3.3)과 식 (1.3.4)를 연립하면 아래의 식 (1.3.5)를 얻는다.

$$\mu = -\frac{\left(\frac{\partial H}{\partial P}\right)_T}{C_P} \tag{1.3.5}$$

이를 논의하기 위해서 출발점은 엔탈피에 대한 전미분 표현식인 아래의 식 (1.3.6)으로부터 출발한다.

$$dH = C_P dT + \left[V - T\left(\frac{\partial V}{\partial T}\right)_P\right] dP \tag{1.3.6}$$

줄-톰슨 팽창과정은 등엔탈피 과정이다. 따라서 위의 식 (1.3.6)에서 $dH = 0$이 된다. 그러면 위의 식 (1.3.6)은 아래의 식 (1.3.7)과 같아진다.

$$0 = C_P dT + \left[V - T\left(\frac{\partial V}{\partial T}\right)_P\right] dP \tag{1.3.7}$$

위의 식 (1.3.7)을 조금 더 변형하면 아래의 식 (1.3.8)을 얻는다.

$$(C_P dT)_H = -\left\{\left[V - T\left(\frac{\partial V}{\partial T}\right)_P\right] dP\right\}_H \tag{1.3.8}$$

위의 식 (1.3.8)에 줄-톰슨 팽창계수의 정의인 식 (1.3.4)를 적용하면 최종적으로 아래의 식 (1.3.9)를 얻는다.

$$\mu = \left(\frac{\partial T}{\partial P}\right)_H = \frac{\left[T\left(\frac{\partial V}{\partial T}\right)_P - V\right]}{C_P} \tag{1.3.9}$$

1852년 줄과 톰슨은 열역학에서 '줄-톰슨' 팽창 또는 '줄-톰슨 효과' 라고 부르는 현상을 발견했다. 이는 기체를 다공성 마개나 밸브를 통해서 낮은 압력으로 외부와 열의 출입이 없이 단열팽창시킬 때, 기체의 온도가 변화하는 현상으로 수소, 헬륨, 네온을 제외한 모든 기체는 실온에서 줄-톰슨 팽창을 하는 동안 냉각된다. 줄-톰슨 계소의 음의 값이면 단열팽창하는 동안 온도는 올라가고 양의 값을 가지면 내려간다. 한편 이상기체의 줄-톰슨 계수는 0이다. 기체의 냉각이나 액화를 위해서는 온도의 감소가 있어야 하므로 줄-톰슨 계수의 값이 양수이어야 한다.

한편 위의 식 (1.3.6)에 대한 유도를 위해서 정지 상태와 바닥상태에 놓여 있는 닫힌계에 대한 열역학 제 1법칙인 아래의 식 (1.3.10)으로부터 출발한다.

$$dU = \delta Q - \delta W \tag{1.3.10}$$

한편 내부에너지는 상태함수이므로 경로와 무관하다. 따라서 위의 식 (1.3.10)은 아래의 식 (1.3.11)과 같이 쓸 수 있다.

$$dU = \delta Q_{rev} - \delta W_{rev} \tag{1.3.11}$$

여기에서 엔트로피에 대한 거시적인 정의와 가역적인 일은 아래의 식 (1.3.12)와 식 (1.3.13)과 같이 쓸 수 있다.

$$dS = \frac{\delta Q_{rev}}{T} \tag{1.3.12}$$

$$dW_{rev} = PdV \tag{1.3.13}$$

위의 식 (1.3.12)와 식 (1.3.13)을 식 (1.3.11)에 대입하면 아래의 식 (1.3.14)를 얻을 수 있다. 식 (1.3.14)는 열역학 제 1법칙과 제 2법칙의 연합식이라고 할 수 있다.

$$dU = TdS - PdV \tag{1.3.14}$$

그리고 아래의 식 (1.3.15)에는 엔탈피의 정의식을 나타내었다.

$$H = U + PV \tag{1.3.15}$$

위의 식 (1.3.15)의 엔탈피에 대한 전미분을 구하고 위의 식 (1.3.14)에 대입하면 아래의 식 (1.3.16)과 같아진다.

$$dH = dU + d(PV) = TdS - PdV + PdV + VdP = TdS + VdP \tag{1.3.16}$$

위의 식 (1.3.16)을 다시 쓰면 아래의 식 (1.3.17)과 같이 편미분 관계식으로 쓸 수 있다.

$$dH = TdS + VdP = \left(\frac{\partial H}{\partial S}\right)_P dS + \left(\frac{\partial H}{\partial P}\right)_S dP \tag{1.3.17}$$

또한 엔탈피는 기본적으로 온도와 압력의 함수이기도 하다. 그래서 아래의 식 (1.3.18)과 같이 쓸 수 있다.

$$dH = \left(\frac{\partial H}{\partial T}\right)_P dT + \left(\frac{\partial H}{\partial P}\right)_T dP = C_P dT + \left(\frac{\partial H}{\partial P}\right)_T dP \tag{1.3.18}$$

위의 식 (1.3.5)에서는 $\left(\frac{\partial H}{\partial P}\right)_T$ 를 그대로 두었지만 이제는 이것을 다른 편미분으로 바꾸어 보고자 한다. 위의 식 (1.3.16)을 다시 쓰면 아래의 식 (1.3.19)와 같아진다.

$$dH = TdS + VdP \tag{1.3.19}$$

위의 식 (1.3.19)를 일정한 온도에서 압력으로 편미분을 하면 아래의 식 (1.3.20)을 얻는다.

$$\left(\frac{\partial H}{\partial P}\right)_T = T\left(\frac{\partial S}{\partial P}\right)_T + V\left(\frac{\partial P}{\partial P}\right)_T = T\left(\frac{\partial S}{\partial P}\right)_T + V \tag{1.3.20}$$

그런데 위의 식 (1.3.20)의 우변항을 보면 엔트로피에 대한 편미분을 포함하고 있다. 엔트로피에 대해서 우리들은 아는 것이 별로 없기 때문에 엔트로피에 대한 편미분이 나오면 막스웰 관계식에 의해서 엔트로피가 포함되어 있지 않은 항으로 대체해 버리곤 한다. 따라서 위의 식 (1.3.20)는 아래의 식 (1.3.21)과 같이 쓸 수 있다. Smith 등이 지은 화공 열역학 책 6장에 잘 나와 있다. 따라서 여기에서는 막스웰 관계식의 유도는 생략하였다.

$$\left(\frac{\partial H}{\partial P}\right)_T = -T\left(\frac{\partial V}{\partial T}\right)_P + V \tag{1.3.21}$$

위의 식 (1.3.21)과 식 (1.3.18)을 연립하면 아래의 식 (1.3.22)을 얻는다.

$$dH = C_P dT + \left[V - T\left(\frac{\partial V}{\partial T}\right)_P\right] dP \tag{1.3.22}$$

줄-톰슨 팽창과정은 기본적으로 등엔탈피 과정이므로 위의 식 (1.3.22)은 아래의 식 (1.3.23)과 같아진다.

$$dH = 0 = C_P dT + \left[V - T\left(\frac{\partial V}{\partial T}\right)_P\right] dP \tag{1.3.23}$$

위의 식 (1.3.23)로부터 줄-톰슨 팽창계수의 정의는 아래의 식 (1.3.24)와 같아진다.

$$\mu = \left(\frac{\partial T}{\partial P}\right)_H = -\frac{\left[V - T\left(\frac{\partial V}{\partial T}\right)_P\right]}{C_P} \tag{1.3.24}$$

이번에는 줄-톰슨 팽창과정이 등엔탈피 과정이라는 것을 유도해 보기로 하자. 아래의 [그림 1.3.3]을 보면 줄-톰슨 효과를 설명하기 위한 팽창밸브 전단과 후단의 온도, 압력 및 부피 조건을 나타내었다.

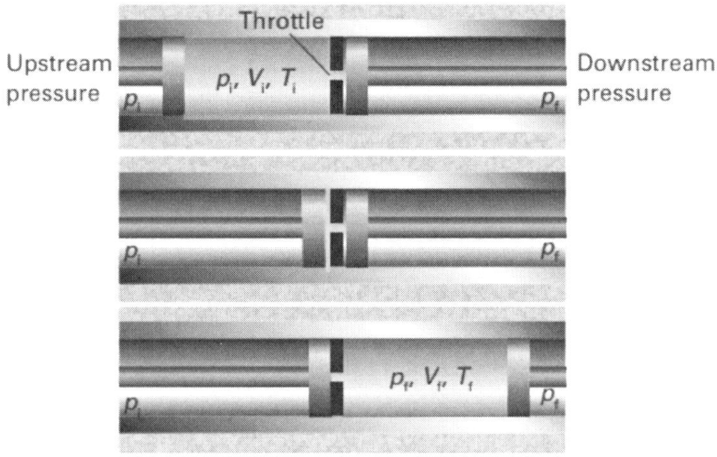

[그림 1.3.3] 줄-톰슨 팽창 효과에 대한 열역학적 기초

위의 [그림 1.3.3]에 의하면 팽창 밸브 입구 쪽의 기체의 조건은 P_i, T_i, V_i이며 밸브 후단의 조건은 P_f, T_f, V_f이다. 이 과정은 매우 빠르게 일어나므로 주변과 열 교환을 무시할 수 있다. 따라서 이 과정에 대한 열역학 제 1법칙을 고려하면 $Q=0$이 되므로 아래의 식 (1.3.25)와 같아진다.

$$\Delta U = Q - W = -W \qquad (1.3.25)$$

그 다음 단계로 우리는 밸브를 통과해 나가는 P_i, T_i, V_i 상태에 있는 주어진 양 만큼의 기체만을 고려한다. 밸브 왼쪽 기체가 팽창하면서 해 준 일의 양은 다음의 식 (1.3.26)과 같이 쓸 수 있다.

$$W_1 = P_i(0 - V_i) \qquad (1.3.26)$$

밸브 외쪽의 기체가 일을 하면서 밸브 오른쪽에서는 부피가 0에서 V_f까지 증가한다. 따라서 그 일의 양은 아래의 식 (1.3.27)와 같아진다.

$$W_2 = P_f(V_f - 0) \qquad (1.3.27)$$

따라서 줄-톰슨 팽창과정동안 기체가 한 총 일의 양은 아래의 식 (1.3.28)와 같아진다.

$$-W = -(W_1 + W_2) = P_i V_i - P_f V_f \qquad (1.3.28)$$

위의 식 (1.3.28)는 기체가 단열 팽창할 때, 내부 에너지 변화에 대해서 적용하면 다음의 식 (1.3.29)과 같아진다.

$$- W = U_f - U_i = P_i V_i - P_f V_f \tag{1.3.29}$$

위의 식 (1.3.29)을 다시 쓰면 아래의 식 (1.3.30)과 같아진다.

$$U_f + P_f V_f = U_i + P_i V_i \tag{1.3.30}$$

위의 식 (1.3.30)에 의하면 줄-톰슨 팽창 전과 후의 엔탈피는 일정한 것을 알 수 있다. 즉, 위의 식 (1.3.30)은 아래의 식 (1.3.31)과 같아진다.

$$\Delta H = H_f - H_i = 0 \tag{1.3.31}$$

아래의 [그림 1.3.4]에는 어느 임의의 기체에 대한 P-T 다이아그램에서 등엔탈피 곡선을 나타내었다. 등엔탈피 곡선의 기울기가 반전이 되는 점을 이은 것이 바로 반전곡선(inversion curve)이 된다. 각 반전곡선상의 온도 중에서 가장 높은 온도는 최대 반전온도라고 한다.

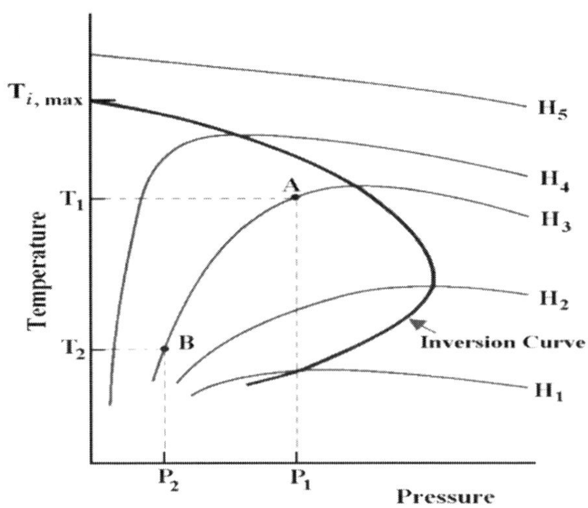

[그림 1.3.4] P-T 다이아그램에서 반전곡선

위의 [그림 1.3.4]를 보면 다음과 같은 결론을 내릴 수 있다.

- [그림 1.3.4]는 P-T 상 다이아그램 상에서 기체의 등엔탈피 과정을 나타내었다.
- 줄-톰슨 팽창계수의 부호가 바뀌는 선을 연결한 곡선이 반전곡선이다.
- 각각의 반전온도는 $\left(\frac{\partial T}{\partial P}\right)_H$의 값이 양에서 음으로 바뀌는 지점이다.

- 줄-톰슨 팽창과정에 의해 기체가 액화되려면 반전곡선의 좌측에 해당하는 압력과 온도에서 줄-톰슨 과정을 행해야만 줄-톰슨 팽창계수 값이 양수가 된다. 팽창에 의한 온도감소의 효과는 이 영역에서만 가능하다.
- 줄-톰슨 팽창과정의 시작온도는 최대 반전온도 이하이어야만 한다. $T_{i,\max}$, 즉 압력이 0일 때의 반전온도가 바로 최대 반전온도이다.
- 이상기체는 줄-톰슨 팽창과정에 의해서 온도감소 효과가 없다.

만일 단열 팽창할 때 어느 온도 이하에서는 냉각되고 그 이상에서는 온도가 증가한다면, 그 경계점에 있는 온도를 반전온도(inversion temperature)라고 한다. 따라서 반전온도는 기체의 액화에 매우 중요하며, 줄-톰슨 팽창은 냉장고, 에어컨, 열 펌프, 기체의 액화장치 같은 오늘날 기술적으로 매우 중요한 '열 기계'의 핵심이 되고 있다. 아래의 [표 1.3.2]에는 여러 가지 기체에 대한 반전온도와 표준 끓는점을 나타내었다.

[표 1.3.2] 여러 가지 기체의전온도와 표준 끓는점

기체	최대반전 온도 (K)	표준 끓는점 (K)
헬륨(4)	45	4.21
수소	205	20.27
네온	250	27.09
질소	607	77.36
공기	603	78.80
일산화탄소	652	81.60
아르곤	794	87.28
산소	893	90.18
메탄	939	111.70
암모니아	1,994	239.80

위의 [표 1.3.2]를 보면 다음과 같은 결론을 내릴 수 있다.

- 최대 반전온도가 낮은 기체일수록 액화기체의 끓는점이 낮다.
- 끓는점이 낮은 기체일수록 액화시키기도 어렵다.
- 최대 반전온도가 상온보다 높은 기체와 상온보다 낮은 기체로 구분할 수 있다.

- 헬륨, 수소, 네온을 제외한 모든 기체들은 상온 이상의 반전 온도를 가진다.
- 헬륨, 수소, 네온을 제외한 모든 기체들은 줄-톰슨 밸브만으로 기체의 액화가 가능하다.
- 헬륨, 수소, 네온은 줄-톰슨 밸브를 이용하여 기체를 액화시키기 전에 팽창엔진을 이용하여 최대 반전온도 이하로 내려야 한다.
- 최대 반전온도가 낮은 기체들은 기체를 액화시키기 위해서는 팽창엔진과 줄-톰슨 밸브가 모두 필요하다.

예제 1.3.1 **이상기체 상태방정식에 적용한 줄-톰슨 팽창계수**

위의 식 (1.3.1)에 나타낸 줄-톰슨 팽창계수의 정의를 이상기체 상태방정식에 적용하여 그 값을 계산하고 결과를 해석하라.

풀이

먼저 단위 몰 당 이상기체 상태방정식은 $PV = RT$이다.

이로부터 $\left(\frac{\partial V}{\partial T}\right)_P = \frac{\partial}{\partial T}\left(\frac{RT}{P}\right)_P = \frac{R}{P}$가 된다.

이를 원식의 분자에 대입하면, $T\left(\frac{R}{P}\right) - V = \frac{RT}{P} - V = V - V = 0$이 되므로, 이상기체에 적용한 줄-톰슨 팽창계수 값은 0이 된다. 이것의 의미는 이상기체의 경우에는 등엔탈피 조건하에서 압력을 낮추어도 기체의 온도는 일정하게 유지된다는 것을 의미한다.

예제 1.3.2 **줄-톰슨 계수 값에 의한 줄-톰슨 효과의 계산**

298K과 1 atm에서 질소의 줄-톰슨 계수는 +0.25K/bar이다. 질소기체의 압력이 10 atm이 변화할 때에 질소 기체이 온도 변화를 추산하라.

풀이

위의 식 (1.3.4)의 줄-톰슨 계수의 정의로부터 다음을 얻는다.

$\Delta T = \mu \Delta P = +(0.25K/atm) \times (-10\,atm) = -2.5K$

이것의 의미는 질소가 외부와 단열된 조건 하에서 10 atm의 압력강하가 일어나면 질소의 온도는 2.5K이 떨어지는 것을 의미한다.

줄–톰슨 밸브 전단의 유체가 액체일 경우, 특히 포화상태의 액체일 경우 팽창 밸브 후단에서는 필연적으로 유체의 증발이 일어난다. 그 이유는 포화상태 액체의 압력을 낮추게 되면 고압에 의해서 액체 상태를 유치하고 있는 유체가 외부압력이 낮아지는 만큼 증발하려는 포텐셜이 더욱 크기 때문에 자발적인 증발이 일어나게 된다. 줄–톰슨 팽창과정은 등 엔탈피 과정이기 때문에 유체의 증발잠열로 인해서 계의 온도는 급격하게 낮아진다. 아래의 [표 1.3.3]에는 순수한 프로판 성분에 대해서 줄–톰슨 팽창밸브 입구의 압력이 20 bar의 포화 액체 상태에 있을 때, 팽창 밸브 후단의 압력 변화에 따른 출구의 온도 변화를 나타내었다.

[표 1.3.3] 줄–톰슨 팽창 밸브 후단의 압력변화에 따른 출구의 온도 및 증기의 몰 분율의 변화 (프로판 입구 조건: 20 bar 에서의 포화 액체 상태: 온도는 56.6°C)

도출 압력 (bar)	출구 온도 (°C)	출구에서 증기 몰 분율
19	54.1	0.0308
18	51.6	0.0607
17	49.0	0.0897
16	46.2	0.1181
15	43.4	0.1460
14	40.4	0.1735
13	37.2	0.2007
12	33.9	0.2279
11	30.3	0.2551
10	26.5	0.2824
9	22.4	0.3102
8	18.0	0.3387
7	13.1	0.3681
6	7.7	0.3989
5	1.6	0.4316
4	−5.6	0.4674
3	−14.2	0.5077
2	−25.3	0.5560
1	−42.2	0.6223

아래의 [그림 1.3.5]에는 [표 1.3.3]에 나타낸 프로판을 대상으로 한 줄–톰슨 팽창밸브에서 입구에서의 조건이 20 bar이고 포화 액체 상태에 놓여 있을 때, 출구 압력이 19 bar에서 1 bar까지 압력이 1 bar씩 낮아질 때에 팽창 밸브 후단의 온도 및 증기상의 몰분율의 변화를

나타내었다. 그림 1.3.5에 의하면 줄-톰슨 팽창밸브 후단의 압력이 낮아질수록 온도가 낮아지며 증기상의 몰분율 또한 증가하는 것을 알 수 있다.

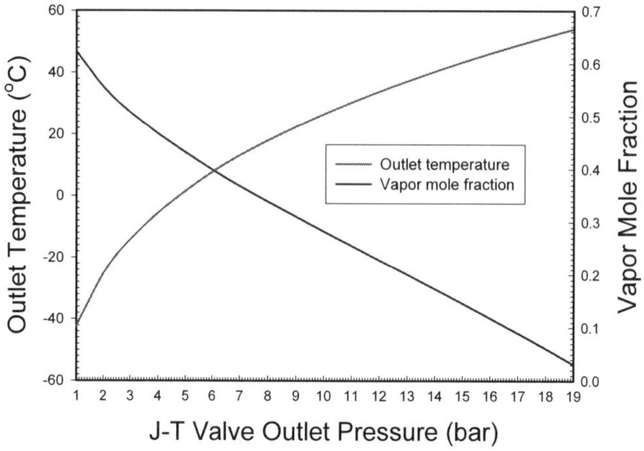

[그림 1.3.5] 줄-톰슨 팽창 밸브 후단 압력 변화에 따른 밸브 후단의 온도 변화 및 증기상의 몰 분율의 변화

위의 [표 1.3.3]이나 [그림 1.3.5]와 같이 줄-톰슨 팽창밸브에서 압력을 급격하게 떨어뜨리면 유체의 온도가 떨어지는 것은 매우 당연해 보인다. 이는 수소와 헬륨을 제외한 모든 유체의 경우에서 나타나는 현상이다. 수소와 헬륨의 경우에는 줄-톰슨 밸브의 특별한 입구 조건에 도출 압력에 따라서 후단의 온도가 오히려 상승하는 경우나 종종 발생한다. 이는 아래의 [표 1.3.4]에 나타내었다. 아래의 [표 1.3.4]에 의하면 줄-톰슨 밸브 전단에서 압력이 101 bar에서 후단 압력이 1 bar까지 떨어질 때, 몇 가지 기체에 대해서 입구의 온도가 27℃, −23℃ 및 -43℃일 때에 밸브 후단의 온도와 전단과 후단에서의 온도 변화를 나타내었다. 메탄과 질소의 경우에는 모든 경우에 있어서 밸브 후단의 온도가 떨어지지만 헬륨과 수소의 경우에는 오히려 온도가 상승하는 것을 알 수 있다.

[표 1.3.4] 몇 가지 기체에 대해서 10bar에서 1 bar로 줄-톰슨 팽창했을 때 입구 온도에 따른 출구 온도의 변화

성분	입구 온도 (°C)	출구 온도 (°C)	온도 차이 (°C)
메탄	27	−19.6	−46.6
질소	27	9.3	−17.7
헬륨	27	31.4	4.4
수소	27	29.2	2.2
메탄	−23	−99.9	−76.9
질소	−23	−51.0	−28
헬륨	−23	−18.8	4.2
수소	−23	−21.9	1.1
메탄	−43	−144.3	−101.3
질소	−43	−77.1	−34.1
헬륨	−43	−38.9	9.1
수소	−43	−42.3	0.7

1.4 터보 팽창기에 의한 냉각

저온을 얻기 위해서 줄-톰슨 팽창밸브를 사용한 방법 이외에 또 다른 방법으로는 터보 팽창기를 활용하는 방법이 있다. 아래의 [그림 1.4.1]에는 터보 팽창기에 대한 개념도를 나타내었다. [그림 1.4.1]에 의하면 터보 팽창기는 줄-톰슨 팽창밸브와는 다음과 같은 점에 있어서 구별된다고 할 수 있다. 첫째, 줄-톰슨 팽창밸브는 등 엔탈피 과정인 반면에 터보 팽창기는 이론적으로는 등 엔트로피 과정이라고 할 수 있나. 물론 실제의 팽창기는 기기의 효율 때문에 등 엔트로피 과정과는 다를 수 있다. 둘째, 줄-톰슨 팽창밸브에서 입구 쪽 유체는 기체와 액체가 모두 가능하지만 터보 팽창기의 입구 유체는 기체만 가능하다. 셋째, 터보 팽창기에서는 동력을 생산할 수 있다. 따라서 터보 팽창기 후단에서는 동일한 압력 강하에 비해서 줄-톰슨 팽창밸브에 비해서 더욱 저온을 얻을 수 있다.

다음의 [표 1.4.1]에는 프로판 입구의 압력이 20 bar이고 포화 기체 상태일 적에 도출 압력의 변화에 따른 생산되는 동력과 도출 온도를 도시하였다. [표 1.4.1]에 의하면 터보 팽창.

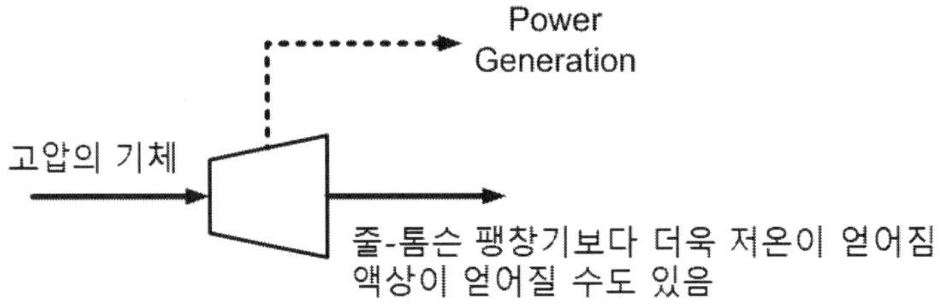

[그림 1.4.1] 터보 팽창기

기의 도출 압력이 낮아질수록 팽창기 후단에서 온도는 더욱 낮아지며, 얻어지는 동력은 증가하는 것을 알 수 있다. 또한 팽창할수록 얻어지는 동력이 증가하므로 팽창기 후단에서 액상의 몰분율이 증가하는 것으 알 수 있다.

[표 1.4.1] 터보 팽창기 후단의 압력변화에 따른 출구 온도, 출구에서 증기 몰 분율 및 생산되는 동력의 변화 (프로판 입구 조건: 20 bar 에서의 포화 기체 상태: 온도는 56.6°C)

도출 압력 (bar)	출구 온도 (°C)	출구에서 증기 몰 분율	생산되는 동력 (kW/100 kmol)
19	54.1	0.9971	2.760
18	51.6	0.9945	5.688
17	49.0	0.9921	8.800
16	46.2	0.9900	12.119
15	43.4	0.9880	15.670
14	40.4	0.9862	19.483
13	37.2	0.9846	23.594
12	33.9	0.9830	28.051
11	30.3	0.9814	32.907
10	26.5	0.9799	38.237
9	22.4	0.9782	44.134
8	18.0	0.9765	50.724
7	13.1	0.9745	58.181
6	7.7	0.9722	66.757
5	1.6	0.9693	76.834
4	−5.6	0.9655	89.041
3	−14.2	0.9602	104.530
2	−25.3	0.9519	125.799
1	−42.2	0.9361	160.449

1.5 냉매를 이용한 냉동 사이클에 의한 냉각

줄-톰슨 팽창이나 터보 팽창기에 의한 유체의 냉각은 공정의 압력이 높아야 한다는 제약점이 있다. 이에 비해서 냉매를 이용한 냉동 사이클의 가동에 의한 유체의 냉각은 공정의 압력과는 무관하게 온도를 낮출 수 있다. 하지만 증기 재압축 냉동 사이클을 이용할 경우에 냉매를 가압하기 위한 압축기는 필요하다. 아래의 [그림 1.5.1]에는 증기 재압축 냉동 사이클에 대한 개략도를 나타내었다. [그림 1.5.1]에 의하면 출발점은 압축기 전단의 저압 조건에 있는 냉매 기체로부터 출발한다. 저온과 저압 상태에 있는 냉매 기체는 압축기에 의해서 단열 가역 조건에서 가압된다. 가압된 냉매는 다시 응축기에 의해서 일정한 압력에서 응축이 일어난다. 응축된 냉매는 포화액체 상태까지 냉각된다. 고압의 냉각된 냉매는 원래는 줄-톰슨 팽창밸브에 의해서 감압이 일어나지만 이상적인 냉동 사이클에서는 등엔트로피 조건에서 감압이 일어난다. 감압된 후에 냉매는 부분적으로 증발이 일어난 후에 증발기로 주입되어 모든 액상 냉매의 완전 증발이 이루어진다. 증기 재압축 냉동 사이클은 이러한 일련의 과정을 거친다.

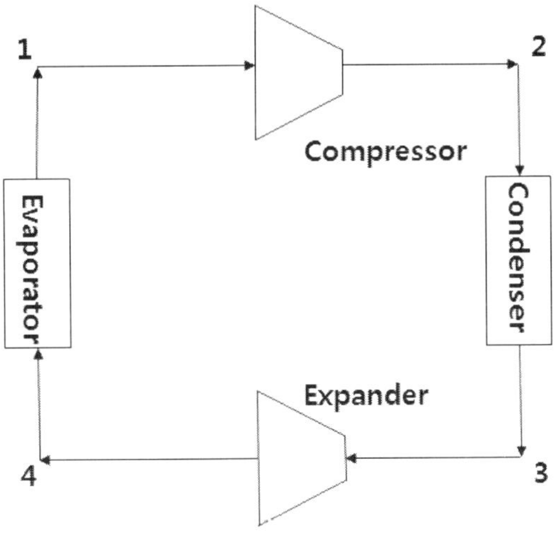

[그림 1.5.1] 이상적인 증기 재압축을 이용한 냉동 사이클의 개요도

위의 [그림 1.5.1]의 이상적인 냉동 사이클을 가장 흔하게 사용하는 프로판 냉매를 활용해서 $T-S$선도 상에 표현하면 아래의 [그림 1.5.2]와 같아진다. 프로판 냉매의 공급 온도는 -40℃이며 냉매의 응축은 냉각수를 활용해서 45℃에서 일어나는 것으로 간주하였다.

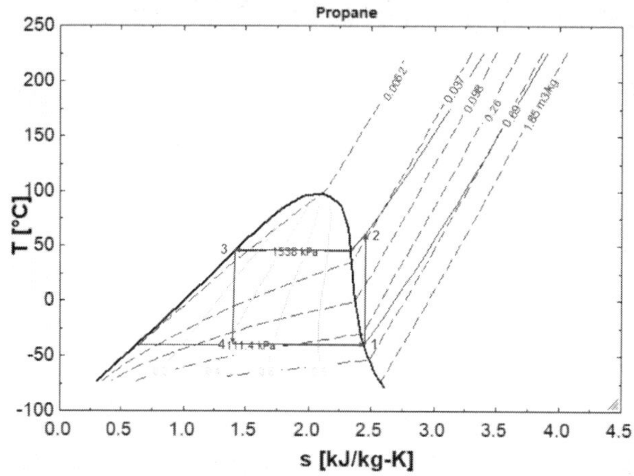

[그림 1.5.2] 이상적인 증기 재압축을 이용한 냉동 사이클에 대한 $T-S$선도

위의 [그림 1.5.2]에 의하면 프로판 냉매 기체는 -45°C에서 포화 증기 상태인 '1' 에서 압축기에 의해서 단열 가역적으로 압축된다. 이 과정은 [그림 1.5.2]의 $T-S$선도 1 지점에서 2 지점으로 가역적으로 작동하기 때문에 엔트로피는 대략 2.5 kJ/kg-K으로 일정하게 유지되며, 이 과정은 또한 기체를 압축시키는 과정이기 때문에 온도는 -45°C에서 대략 60°C까지 상승하게 된다. 단열 가역적으로 가압된 프로판 냉매 기체의 상태는 '2' 지점에 놓이게 된다. 그 다음 단계는 냉매의 응축 과정이다. 이 과정에서 과열 증기 상태의 프로판 냉매는 액체 상태로 액화가 일어난다. 이 과정을 $T-S$선도 상에서 살펴보면 60°C 근처의 프로판 냉매 기체는 우선 응축기에 의해서 상태 '2' 에서 먼저 포화 기체 상태로 된 후에 점진적인 응축이 일어나서 상태 '3' 까지 포화 액체상태가 된다. 그 다음 단계는 냉매의 단열가역 팽창과정이다. 단열가역 팽창과정에서는 외부에 일을 해 주기 때문에 냉매의 온도가 떨어지게 된다. 그래서 냉매는 상태 '3' 에서 상태 '4' 로 이동하게 된다. 이때 상태 '4' 는 증기-액 공존상 영역에 놓이게 된다. 한편 이 과정은 $T-S$선도 상에서 살펴보면 팽창 터빈이 가역적으로 작동하기 때문에 엔트로피는 대략 1.375 kJ/kg-K 근처의 값으로 일정하게 유지되며, 냉매의 온도는 45°C에서 원하는 프로판 냉매의 공급온도인 -40°C까지 급격하게 떨어진다. 마지막 과정으로써 냉매는 증발기에서 증발이 일어난다. 순수성분 냉매의 증발과정은 잠열만을 얻어가는 과정이기 때문에 온도변화 없이 -40°C로 일정하게 유지된다. 다만, 증발과정에서 액상류에서 기상류로 상변화가 일어나기 때문에 엔트로피만 1.375 kJ/kg-K에서 2.5 kJ/kg-K로 증가하게 된다.

1.6 카르노 열기관

제 1종 영구기관이란 외부로부터 열의 공급 없이 일을 할 수 있는 기관을 말하는데, 이러한 영구기관은 열역학 제 1법칙에 어긋난다. 즉, 제 1종 영구기관은 열역학 제 1법칙적 관점에서 불가능하다. 이에 비해서 공급받은 열을 100% 일(동력)으로 전환할 수 있는 영구기관은 열역학 제 2법칙의 관점에서 어긋난다. 왜냐 하면 열 효율이 100%인 열 기관은 존재할 수 없기 때문이다. 따라서 이러한 제 2종 영구기관 역시 존재하지 않는다. 아래의 그림 1.5.1은 중유를 원료로 하는 화력발전소에 대한 개념도를 나타낸 것이다. [그림 1.6.1]에 의하면 공급받은 열량의 40% 가량을 일로 변환할 수 있고, 나머지는 버리는 열량으로 더 낮은 온도의 열로 질적 저하를 일으킨다.

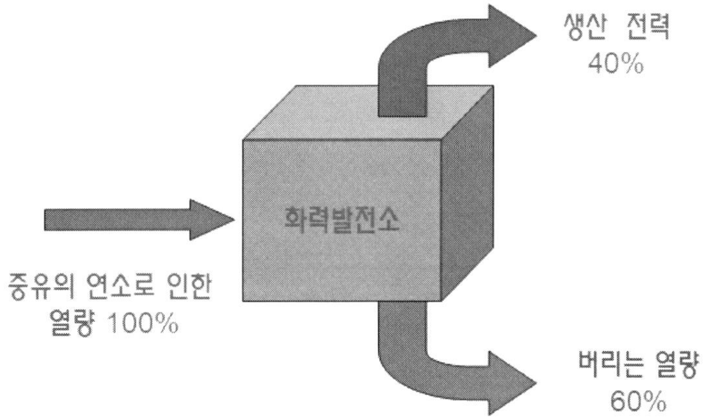

[그림 1.6.1] 두 열원 사이의 비가역 열전달의 개요도

무한 열용량을 가진 두 열원(고온 열원의 온도는 T_1이고, 저온 열원의 온도는 카르노 T_2인) 사이의 열전달에 의한 총 엔트로피 변화를 고려해 보기로 하자. 우선 아래의 [그림 1.6.2]와 같이 두 열원 사이에서 열전달이 비가역적으로 일어나서 Q 만큼의 열전달이 일어났다고 가정해 보자.

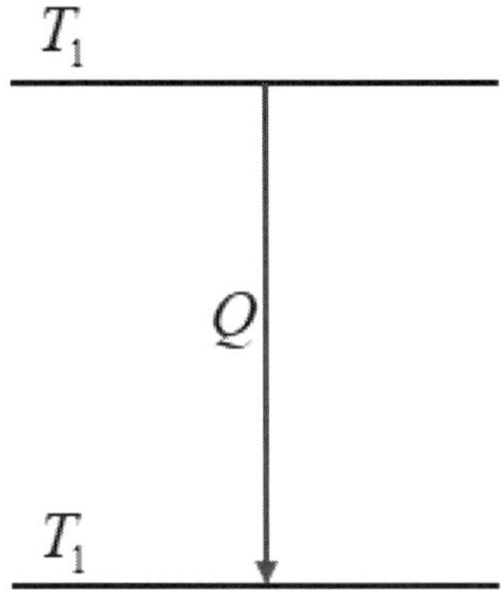

[그림 1.6.2] 두 열원 사이의 비가역 열전달의 개요도

위의 [그림 1.6.2]의 경우에 고온 물체와 저온 물체의 엔트로피 변화는 각각 식 (1.6.1)과 식 (1.6.2)와 같이 쓸 수 있다.

$$\Delta S_1 = -\frac{Q}{T_1} \tag{1.6.1}$$

$$\Delta S_2 = \frac{Q}{T_2} \tag{1.6.2}$$

한편 총 엔트로피 변화를 구해 보면 아래의 식 (1.6.3)과 같아진다.

$$\Delta S_T = -\frac{Q}{T_1} + \frac{Q}{T_2} = Q\left(\frac{1}{T_2} - \frac{1}{T_1}\right) = Q\left(\frac{T_1 - T_2}{T_1 T_2}\right) > 0 \tag{1.6.3}$$

위의 식 (1.6.3)은 온도가 서로 다른 무한 열원 사이에서 열전달이 비가역적으로 일어나면 저온 물체의 엔트로피 증가가 항상 고온 물체의 엔트로피 증가보다 더 크다. 따라서 총 엔트로피 변화는 자발적 과정에 대해서 항상 양수가 된다.

열 기관은 무한 열용량인 고온(T_1) 열원에서 열량, Q_1을 받아서 열 기관을 통해서 W 만큼의 일을 외부에 해 주고, 나머지 열량, Q_2를 역시 무한 열용량인 저온(T_2) 열원으로 전달하는 것이다. 아래의 [그림 1.6.3]에는 온도가 다른 두 무한 열원 사이에서 작동하는 열 기관에 대한 개념도를 나타내었다.

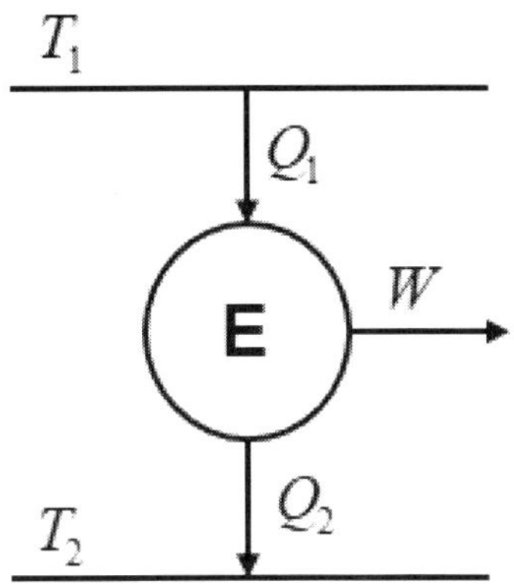

[그림 1.6.3] 두 열원 사이의 카르노 열 기관의 개념도

위의 [그림 1.6.3]의 열 기관 주변에 대한 열역학 제 1법칙을 적용하면 아래의 식 (1.6.4)를 얻는다.

$$\Delta U = Q_1 - Q_2 - W = 0 \tag{1.6.4}$$

두 열 저장조에 대해서 열역학 제 2 법칙을 적용하면 아래의 식 (1.6.5)를 얻는다.

$$\Delta S_T = -\frac{Q_1}{T_1} + \frac{Q_2}{T_2} = 0 \tag{1.6.5}$$

위의 관계식들로부터 Q_1을 소거하면 다음의 식 (1.6.6)을 얻는다.

$$\Delta S_T = -\frac{W + Q_2}{T_1} + \frac{Q_2}{T_2} = -\frac{W}{T_1} + Q_2\left(\frac{1}{T_2} - \frac{1}{T_1}\right) = -\frac{W}{T_1} + Q_2\left(\frac{T_1 - T_2}{T_1 T_2}\right) \tag{1.6.6}$$

위의 식 (1.6.6)을 좀 더 변형하면 다음의 식 (1.6.7)을 얻는다.

$$T_1 \Delta S_T + W = Q_2\left(\frac{T_1 - T_2}{T_2}\right) \tag{1.6.7}$$

위의 식 (1.6.7)은 가역적으로 작동할 때, 즉 $\Delta S_T = 0$일 때, W가 최대가 된다. W가 최대일 때, 완전히 가역적으로 작동되는 열 기관을 매우 특별한 경우로써 "카르노 열 기관" 이라 부른다. 카르노 열 기관의 효율은 다음의 식 (1.6.8)과 같이 정의된다.

$$\epsilon = \frac{W}{Q_1} = \frac{T_1 - T_2}{T_2} = 1 - \frac{T_2}{T_1} \tag{1.6.8}$$

위의 식 (1.6.8)에서 보면 카르노 열 기관의 효율이 1(즉, 100%)가 되는 경우는 다음과 같다.

✓ T_2가 절대영도인 경우. 하지만 대기, 호수, 강 그리고 바다의 경우는 300K 근처이다. 이 저온 열원의 온도를 더 낮추기 위해서는 별도의 냉동 사이클이 필요하다.

✓ T_1이 무한대인 경우. 하지만 재질상의 문제로 이 온도를 무한히 올릴 수는 없다.

좀 더 실제적인 카로노 열기관은 아래의 [그림 1.6.4]에 나타내었다.

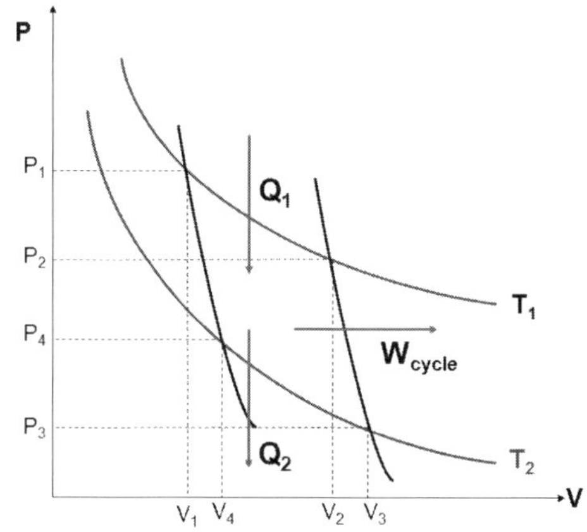

[그림 1.6.4] 좀 더 실제적인 카르노 열기관의 개요도

카르노 열기관을 구성하는 단계는 아래와 같이 4개의 단위공정으로 구성되어 있다.

단계 1: 피스톤-실린더 기구에서 고온 열원인 T_1에서 (P_1, V_1)에서 (P_2, V_2)까지 등온가역 팽창하며, 이 과정 동안에 계의 이상기체는 외부의 무한 열용량의 열 저장조로부터 Q_1 만큼의 열을 제공받는다.

단계 2: 실린더 내부의 이상기체의 온도가 T_1으로 유지되고 있는 열 저장조에서 이상기체는 단열가역 팽창과정을 거쳐서 (P_2, V_2)에서 (P_3, V_3)까지 팽창한다. 이 과정동안 계의 이상기체의 온도는 T_1에서 T_2까지 떨어진다.

단계 3: 실린더 내부의 이상기체의 온도가 T_2로 유지되고 있는 열 저장조에서 이상기체는 (P_3, V_3)에서 (P_4, V_4)까지 등온 가역적으로 압축된다. 이 과정동안 계의 이상기체로부터 열용량이 무한대인 T_2 열원의 열 저장조로 Q_2 만큼의 열이 빠져나간다.

단계 4: 실린더 내부의 이상기체의 온도가 T_2로 유지되고 있는 열 저장조에서 이상기체는 단열가역 압축과정을 거쳐서 (P_4, V_4)에서 (P_1, V_1)까지 압축된다. 이로써 계 내부의 이상기체는 일주운동을 거친 후에 처음의 상태로 되돌아온다. 이 과정동안 계의 이상기체의 온도는 T_2에서 T_1까지 상승한다.

단계 1의 이상기체 등온가역 팽창 과정에 대해서 단힌 계의 열역학 제 1법칙을 적용해 보면 아래의 식 (1.6.9)와 같아진다.

$$dU = \delta Q - \delta W = \delta Q_R - \delta W_R = C_V dT = 0 \tag{1.6.9}$$

위의 식으로부터 아래의 식 (1.6.10)을 얻는다.

$$\delta Q_R = \delta W_R = P dV \tag{1.6.10}$$

1.7 실제적인 증기 재압축 냉동 사이클 기본

실제적인 증기 재압축을 활용한 냉동 사이클은 상기의 [그림 1.5.1]과 [그림 1.5.2]에서와 같이 가역적으로 작동하지 않는다. 우선 압축 및 팽창과정에서 엔트로피가 변화한다. 또한 팽창과정은 터빈을 활용하는 것이 아니라 팽창밸브를 이용하기 때문에 등엔트로피 과정이라기보다는 등엔탈피 과정에 좀 더 가깝다. 그리고 팽창밸브 후단에서는 일반적으로 증기와 액상류의 2상계를 형성하게 되어 기액 분리기에서 기상류와 액상류를 분리한 후에 액상류만을 증발기로 주입하게 된다. 아래의 [그림 1.7.1]에는 실제적인 증기 재압축 냉동 사이클에 대한 개요도를 나타내었다.

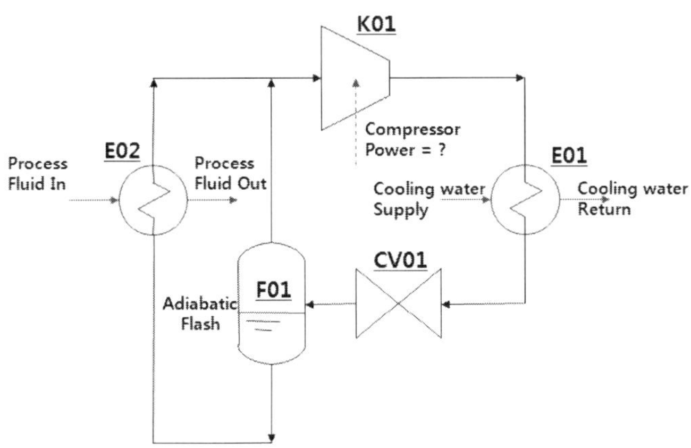

[그림 1.7.1] 실제적인 증기 재압축을 이용한 냉동 사이클의 개요도

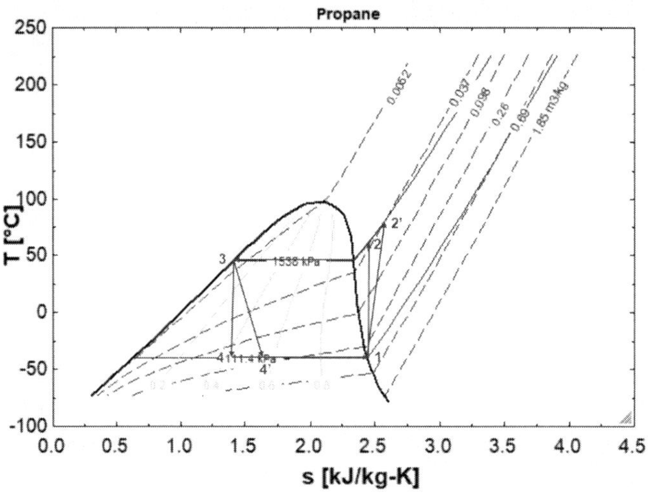

[그림 1.7.2] 프로판 냉매에 대한 T-S 선도 및 실제적인 증기 재압축을 이용한 냉동 사이클의 개요

제 2장 냉동 사이클의 전산모사를 위한 열역학 모델식

2.1 순수성분의 증기-액 상평형 관계식

순수성분의 온도에 따른 증기압은 냉동 사이클에 대한 기초 설계를 위해서 매우 중요한 물성값이라고 할 수 있다. 이를 추산할 수 있는 방법은 다음의 3가지가 있다.

✓ Clausius-Clapeyron 식을 이용하는 방법

✓ Antoine 증기압 추산식을 이용하는 방법

✓ 상태 방정식을 이용하는 방법

위의 3가지 방법 중에서 첫째, Clausius-Clapeyron 식을 설명해 보기로 한다. 이에 대한 출발점은 증기상과 액상에서 순수성분 'i' 의 화학 포텐셜이 같다고 하는 아래의 식 (2.1.1) 로부터 출발한다.

$$\mu_i^v(T,P)=\mu_i^l(T,P) \tag{2.1.1}$$

위의 식 (2.1.1)의 화학 포텐셜은 몰 당 Gibbs 자유에너지와 같다. 따라서 위의 식 (2.1.1)은 아래의 식 (2.1.2)과 같이 쓸 수 있다.

$$G_i^v(T,P)=G_i^l(T,P) \tag{2.1.2}$$

위의 식 (2.1.2)의 양변에 대한 전미분을 수행하면 다음의 식 (2.1.3)을 얻는다.

$$dG_i^v(T,P)=dG_i^l(T,P) \tag{2.1.3}$$

그런데 열역학 관계식에 의하면 Gibbs 자유에너지에 대한 전미분은 다음의 식 (2.1.4)와 같다.

$$dG=-SdT+VdP \tag{2.1.4}$$

위의 식 (2.1.3)과 식 (2.1.4)를 연립하면 아래의 식 (2.1.5)를 얻는다.

$$-S^v dT+V^v dP=-S^l dT+V^l dP \tag{2.1.5}$$

위의 식 (2.1.5)를 변형하면 아래의 식 (2.1.6)을 얻는다.

$$(V^v - V^l)dP = (S^v - S^l)dT \tag{2.1.6}$$

그런데 위의 식 (2.1.6)에서 V^l은 V^v에 비해서 매우 작은 값이므로 무시할 수 있다고 가정한다. 그리고 증기-액 상평형 상태에서 아래의 식 (2.1.7)이 성립한다.

$$\Delta G^{vap} = \Delta H^{vap} - T\Delta S^{vap} = 0 \tag{2.1.7}$$

위의 식 (2.1.6)에서 $S^v - S^l = \Delta S^{vap}$이 되고, 위의 식 (2.1.7)은 아래의 식 (2.1.8)과 같아진다.

$$\Delta S^{vap} = \frac{\Delta H^{vap}}{T} \tag{2.1.8}$$

또한 증기상의 몰당 부피는 이상기체 상태방정식이 적용될 수 있다고 가정하면 다음의 식 (2.1.9)를 얻는다.

$$V^v = \frac{RT}{P} \tag{2.1.9}$$

위의 식 (2.1.8)과 식 (2.1.9)를 식 (2.1.6)에 대입하면 다음의 식 (2.1.10)을 얻는다.

$$\frac{RT}{P}dP = \frac{\Delta H^{vap}}{T}dT \tag{2.1.10}$$

위의 식 (2.1.10)을 변수분리하면 아래의 식 (2.1.11)을 얻는다.

$$\frac{dP}{P} = \frac{\Delta H^{vap}}{R}\frac{dT}{T^2} \tag{2.1.11}$$

위의 식 (2.1.11)의 양변을 적분하면 아래의 식 (2.1.12)를 얻는다.

$$\int_{P^0}^{P}\frac{dP}{P} = \int_{T^b}^{T}\frac{\Delta H^{vap}}{R}\frac{dT}{T^2} \tag{2.1.12}$$

위의 식 (2.1.12)에서 끓는점(T^b)에서 압력은 대기압(P^0)이고, 임의의 온도에서 임의의 압력까지 적분하면 다음의 식 (2.1.13)를 얻는다.

$$\ln\left(\frac{P}{P^0}\right) = -\frac{\Delta H^{vap}}{R}\left(\frac{1}{T} - \frac{1}{T^b}\right) \tag{2.1.13}$$

위의 식 (2.1.13)를 이용하면 순수성분의 증발잠열과 표준 끓는점이 주어져 있을 때, 다른 온도 조건에서 증기압을 추산할 수 있다. 하지만 정확성이 떨어지기 때문에 실제적인 공정설계에 있어서는 이 식을 사용하지 않는다. 위의 식 (2.1.13)는 2개의 매개변수를 가지는 Antoine 증기압 추산식으로 아래의 식 (2.1.14)과 같이 쓸 수 있다.

$$\ln P_i^{vap} = A_i - \frac{B_i}{T} \tag{2.1.14}$$

둘째, 이번에는 Antoine 증기압 추산식을 설명해 보기로 한다. 이는 3개의 매개변수를 가지는 증기압 추산식과 5개의 매개변수를 가지는 증기압 추산식으로 나눌 수 있다. 아래의 식 (2.1.15)는 3개의 매개변수를 가지는 증기압 추산식을 나타내었다.

$$\ln P_i^{vap} = A_i - \frac{B_i}{t(^oC) + B_i} \tag{2.1.15}$$

아래의 [표 2.1.1]에는 몇 가지 성분들에 대해서 온도에 따른 순수성분의 증기압 추산을 할 수 있는 위의 식 (2.1.15)의 계수들을 나타내었다. 위의 식 (2.1.15)에서 증기압의 단위는 kPa이다.

[표 2.1.1] 몇 가지 성분에 대한 3개의 매개변수를 가지는 Antoine 식의 계수들

Component	A	B	C
Acetone	14.3916	2,795.82	230.00
Benzene	13.8594	2,773.78	220.07
n-Pentane	13.8183	2,477.07	233.21
Ethanol	16.6758	3,674.49	226.45
n-Heptane	13.8587	2,911.32	216.64
Methanol	16.5938	3,644.30	239.76
n-Butane	13.6608	2,154.70	238.79
Toluene	14.0098	3,103.01	219.79
Water	16.2620	3,799.89	226.35

예제 2.1.1 **3개의 매개변수를 가지는 Antoine 증기압 추산식을 이용하는 예제**

위의 표 2.1.1을 참고해서 다음 물음에 답하라.

1) 에탄올의 표준 끓는점은 얼마인가?

2) 벤젠의 표준 끓는점은 얼마인가?

3) 낮은 압력에서 에탄올과 벤젠의 온도에 따른 증기압을 그래프로 나타내라. 이때, 에탄올과 벤젠의 증기압 곡선이 서로 교차하는 것을 확인하라.

풀이

먼저 에탄올의 온도에 따른 순수성분의 증기압 추산을 위해서 위의 식 (2.1.15)와 [표 2.1.1]을 이용하면 다음의 물에 대한 증기압 추산식을 얻는다.

$$\ln P_i^{vap} = 16.6758 - \frac{3,674.49}{t(^oC) + 226.45}$$

위의 식에서 증기압이 101.325 kPa에서 온도가 바로 표준 끓는점이 된다. 따라서 위의 식은 다음과 같아진다.

$$\ln(101.325\,kPa) = 16.6758 - \frac{3,674.49}{t(^oC) + 226.45}$$

위의 식을 온도에 대해서 변형하면 아래의 식과 같아진다.

$$t(^oC) = \frac{3,674.49}{16.6758 - \ln(101.325)} - 226.45 = 78.298^oC$$

위의 식으로부터 물의 표준 끓는점이 100^oC 와 거의 유사한 값을 얻을 수 있다.
벤젠의 표준 끓는점도 마찬가지 방법으로 아래와 같이 구할 수 있다.

$$t(^oC) = \frac{2,773.78}{13.8594 - \ln(101.325)} - 220.07 = 80.088^oC$$

아래의 그림에는 에탄올과 벤젠에 대한 온도에 따른 증기압을 추산하였다. 아래의 그림에 의하면 약 72^oC 에서 두 성분의 증기압이 서로 같아지며 이 온도를 기준으로 해서 증기압이 역전되는 것을 확인할 수 있다.
순수성분의 증기압을 추산할 수 있는 또 다른 방법은 바로 5개의 매개변수를 가지는 Antoine 증기압 추산식을 적용하는 것이다. 아래의 식(2.1.16)에는 PRO/II with PROVISION V10.2에 내장되어 있는 5개의 매개변수를 가지는 Antoine 증기압 추산식의 표현식을 나타내었으며, 또한 [표 2.1.2]에는 프로판과 프로필렌 성분의 5개의 매개변수를 가지는 Antoine 증기압 추산식에 대한 계수들을 나타내었으며 증기압을 추산할 수 있는 최소 온도와 최대 온도를 나타내었다.

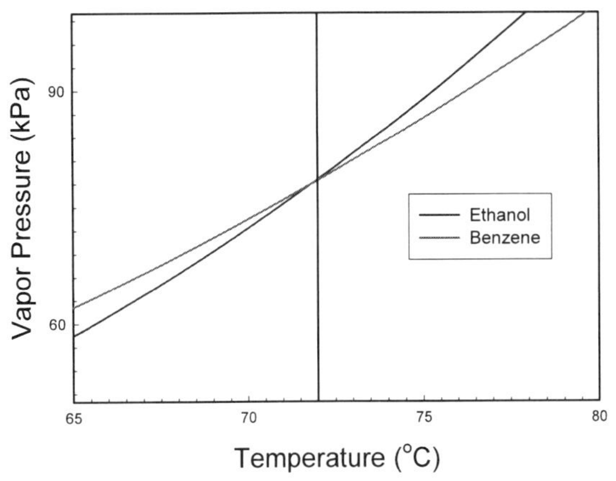

$$\ln P_i^{vap}(T) = C_{1,i} + \frac{C_{2,i}}{T} + C_{3,i}\ln T + C_{4,i} T^{C_{5,i}},\ \ T_{\min} < T < T_{\max} \tag{2.1.16}$$

[표 2.1.2] 프로판과 프로필렌 성분에 대한 변형된 Antoine 계수들

Components	Propane	Propylene
Temperature units	K	
Pressure units	Pa	
$C_{1,i}$	59.078	57.263
$C_{2,i}$	−3,492.6	−3,382.4
$C_{3,i}$	−6.0669	−5.7707
$C_{4,i}$	1.0919×10^{-5}	1.0431×10^{-5}
$C_{5,i}$	2.0000	2.0000
$T_{\min}$	85.47	87.89
$T_{\max}$	369.83	365.57

위의 [표 2.1.2]에서 예를 들면 프로판 성분에 대해서 증기압 추산을 위한 최소 온도 85.47K은 프로판 성분의 표준 녹는점(normal melting point)이며, 최대 온도 369.83K은 프로판 성분의 임계온도에 해당한다. 순수성분의 증기압에서는 주어진 온도에서 증기상과 액상이 서로 공존한다. 즉, 증기압을 추산할 수 있는 온도 범위는 그 성분의 액상이 존재해야 하는데 그 최소 온도는 녹는점이며 최대 온도는 임계 온도에 해당한다.

마지막으로 세 번째 증기압을 추산할 수 있는 방법은 바로 상태방정식을 적용하는 것이다. 상태방정식에 대해서는 이어지는 절에서 상사하게 설명할 예정이므로 여기에서는 생략하기로 한다.

2.2 반데르발스 상태방정식

반데르발스 상태방정식은 이상기체 상태방정식의 기본 가정인 입자의 크기가 없다는 것과 분자들은 서로 상호작용하지 않는다는 것을 수정한 것이다. 우선 이상기체 상태방정식을 압력에 대해서 양함수 형태로 표현하면 아래의 식 (2.2.1)과 같아진다.

$$P = \frac{RT}{v} \tag{2.2.1}$$

먼저 이상기체는 압력이 무한히 커지거나 온도가 절대영도에 도달하면 부피는 0이 된다. 하지만 크기를 가지는 실제유체는 온도가 절대영도에 도달하기 전에 액화한다. 액화한 이후에는 그 크기는 온도나 압력이 변화한다고 해서 크게 변화하지 않는다. 따라서 위의 식 (2.2.1)을 부피에 대해서 변환시킨 다음에 순수성분의 액체의 몰 당 부피에 해당하는 b 매개변수를 더하면 다음의 식 (2.2.2)와 같아진다.

$$v = v^{ideal} + b = \frac{RT}{P} + b \tag{2.2.2}$$

위의 식 (2.2.2)를 다시 압력에 대해서 양함수 형태로 표현하면 아래의 식 (2.2.3)을 얻는다.

$$P = \frac{RT}{v - b} \tag{2.2.3}$$

아래의 [그림 2.2.1]에는 위의 식 (2.2.3)의 크기만 가지는 실제유체의 일정한 온도에서 압력과 부피 사이의 관계를 도시하였다. 아래의 [그림 2.2.1]에 의하면 압력이 증가할수록 기체의 부피는 줄어든다. 하지만 분자 자체의 몰 당 부피에 해당하는 b 값 이하로는 줄어들지 않는 것을 알 수 있다. 기체의 크기를 무시할 수 없다고 하더라도 이것 때문에 기체가 액화하는 것을 아니라는 것을 알 수 있다.

실제유체가 미치는 압력은 위의 식 (2.2.3)이 미치는 압력보다 더 작을 것이다. 그것은 왜냐하면 실제유체는 분자들 간에 인력이 작용하기 때문이다. 그 인력은 주어진 공간(또는 부피), V안에 있는 기체의 몰수에 해당하는 단위 부피당 몰 수의 곱에 비례한다고 할 수 있다. 즉, 인력은 아래의 식 (2.2.4)에 비례한다.

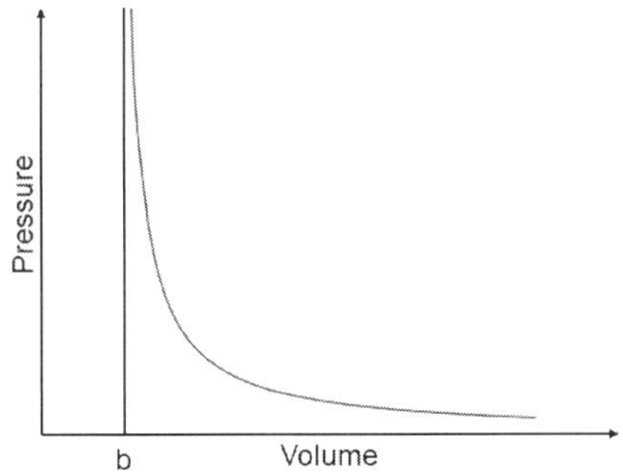

[그림 2.2.1] 크기만 가지는 실제유체의 등온선

$$P_{※racction} \propto c_1 \times c_2 = \frac{n_1}{v} \times \frac{n_2}{v} \tag{2.2.4}$$

위의 식 (2.2.4)에서 비례상수를 a로 놓으면 위의 식 (2.2.3)과 식 (2.2.4)를 연립하면 다음의 식 (2.2.5)를 얻는다.

$$P = \frac{RT}{v-b} - \frac{a}{v^2} \tag{2.2.5}$$

위의 식 (2.2.5)는 1873년에 네덜란드의 반데르발스(van der Waals)가 자신의 "On the continuity of gaseous into liquid phase using a same tool, equation of state" 라는 박사학위논문에서 처음 제안하였다. 물론 반데르발스는 네덜란드 사람이므로 위의 박사학위 논문 제목은 영어로 번역하여 표현한 것이다. 그는 이 공로로 1910년에 제 2회 노벨 물리학상을 수상하였다. 반데르발스가 기여한 바는 1910년 당시에는 컴퓨터가 거의 발달하지 않은 시대에 해석적인 근이 존재하는 이상기체 상태방정식을 변형한 매우 간단한 3차 방정식을 이용하여 증기상의 물성과 액상의 물성 및 증기-액 공존상도 계산할 수 있도록 하였다. 밀도는 물론 순수성분의 온도에 따른 증기압도 추산할 수 있으며, 엔탈피와 엔트로피 등을 계산할 수 있다. 또한 적당한 혼합규칙을 적용하면 혼합물의 K-value의 추산도 가능하다. 여기에서 매개변수 a와 b는 에너지 및 크기 매개변수이다. 에너지 매개변수는 분자들 간의 상호작용 에너지와 관련되며 크기 매개변수는 분자의 크기와 관련된다.

아래의 그림 3.2.2에는 일반적인 3차형 상태방정식에 대해서 3개의 서로 다른 온도에서 압력과 부피 사이의 관계를 도시하였다. 우선 등온선이 임계 온도 이상에서는 증기상과 액상이 서로 공존할 수 없기 때문에 대체로 이상기체의 동온선과 유사한 거동을 가진다. 그리고 임계온도보다 더 낮은 온도 영역에서는 3차형 상태방정식이므로 수평선인 증기압과 3차 방정식의 근이 3개가 존재한다. 가장 작은 근은 액상 근으로 액상에서의 몰 당 부피이며, 가장 큰 근은 증기상의 몰 당 부피가 된다. 또한 가운데 근은 무연근이다. 임계 온도에서는 수학적으로는 수학적으로는 변곡점에 해당한다. 변곡점에서는 1계 도함수와 2계 도함수의 값이 모두 0으로 다음의 식 (2.2.6)이 성립한다.

$$\left(\frac{\partial P}{\partial v}\right)_T = \left(\frac{\partial^2 P}{\partial v^2}\right)_T = 0 \tag{2.2.6}$$

위의 임계점에서의 조건식인 식 (2.2.6)을 원식에 적용하면 다음의 식 (2.2.7)과 식 (2.2.8)을 얻는다.

$$\left(\frac{\partial P}{\partial v}\right)_{T_c} = \frac{-RT_c}{(v_c-b)^2} + \frac{2a}{v_c^3} = 0 \tag{2.2.7}$$

$$\left(\frac{\partial^2 P}{\partial v^2}\right)_{T_c} = \frac{2RT_c}{(v_c-b)^3} - \frac{6a}{v_c^4} = 0 \tag{2.2.8}$$

위의 식 (2.2.8)을 변형하면 아래의 식 (2.2.9)를 얻는다.

$$\frac{RT_c}{(v_c-b)^2} = \frac{2a}{v_c^3} \tag{2.2.9}$$

위의 식 (2.2.9)을 변형하면 아래의 식 (2.2.10)을 얻는다.

$$\frac{RT_c}{(v_c-b)^3} = \frac{3a}{v_c^4} \tag{2.2.10}$$

위의 식 (2.2.10)을 식 (2.2.9)로 나누면 다음의 식 (2.2.11)을 얻는다.

$$\frac{\dfrac{RT_c}{(v_c-b)^3}}{\dfrac{RT_c}{(v_c-b)^2}} = \frac{\dfrac{3a}{v_c^4}}{\dfrac{2a}{v_c^3}} \tag{2.2.11}$$

위의 식 (2.2.11)을 정리하면 아래의 식 (2.2.12)를 얻는다.

$$b = \frac{v_c}{3} \tag{2.2.12}$$

또, 위의 식 (2.2.12)를 식 (2.2.9)에 대입해서 a에 관한 식을 구하면 아래의 식 (2.2.13)을 얻는다.

$$a = \frac{9}{8} R T_c v_c \tag{2.2.13}$$

위의 식 (2.2.13)애서 에너지 매개변수와 크기 매개변수를 각가 T_c와 P_c만의 함수로 구하기 위해서는 v_c를 제거해야 한다. 그러기 위해서는 위의 식 (2.2.12와 식 (2.2.13)을 원식 (2.2.5)를 임계조건으로 바꾼 후 대입하면 아래의 식 (2.2.14)를 얻는다.

$$P_c = \frac{RT_c}{v_c - b} - \frac{a}{v_c^2} = \frac{RT_c}{v_c - \dfrac{v_c}{3}} - \frac{\dfrac{9}{8} R T_c v_c}{v_c^2} = \frac{3RT_c}{8v_c} \tag{2.2.14}$$

위의 식 (2.2.14)를 정리하면 아래의 식 (2.2.15)를 얻는다.

$$\frac{P_c v_c}{RT_c} = Z_c = \frac{3}{8} \tag{2.2.15}$$

위의 식 (2.2.15)에서 $v_c = \dfrac{3RT_c}{8P_c}$이므로 이를 각각 식 (2.2.12)와 식 (2.2.13)에 대입하면, 아래의 식 (2.2.16)과 식 (2.2.17)을 얻는다.

$$b = \frac{v_c}{3} = \frac{1}{3}\left(\frac{3RT_c}{8P_c}\right) = \frac{RT_c}{8P_c} \tag{2.2.16}$$

$$a = \frac{9}{8} R T_c v_c = \frac{9RT_c}{8} \times \frac{3RT_c}{8P_c} = \frac{27R^2 T_c^2}{64P_c} \tag{2.2.17}$$

위의 원식 (2.2.5)를 통분하면 아래의 식 (2.2.18)을 얻는다.

$$P = \frac{RTv^2 - av + ab}{v^2(v-b)} = \frac{RTv^2 - av + ab}{v^3 - bv^2} \tag{2.2.18}$$

위의 식 (2.2.18)을 다시 정리하면 아래의 식 (2.2.19)를 얻는다.

$$v^3 - bv^2 = \frac{RT}{P}v^2 - \frac{a}{P}v + \frac{ab}{P} \tag{2.2.19}$$

위의 식 (2.2.19)의 우변을 좌변으로 이항하면 아래의 식 (2.2.20)과 같아진다.

$$v^3 - \left(b + \frac{RT}{P}\right)v^2 + \frac{a}{P}v - \frac{ab}{P} = 0 \tag{2.2.20}$$

위의 식 (2.2.20)의 양변에 $\left(\frac{P}{RT}\right)^3$을 곱하면 아래의 식 (2.2.21)과 같아진다.

$$\left(\frac{Pv}{RT}\right)^3 - \left(\frac{bP}{RT} + 1\right)\left(\frac{Pv}{RT}\right)^2 + \left(\frac{Pv}{RT}\right)^2 \frac{a}{P}\left(\frac{Pv}{RT}\right) - \frac{ab}{P}\left(\frac{Pv}{RT}\right)^3 = 0 \tag{2.2.22}$$

위의 식 (2.2.22)의 $\frac{Pv}{RT} = Z$이므로 위의 식 (2.2.22)는 아래의 식 (2.2.23)과 같아진다.

$$Z^3 - \left(\frac{bP}{RT} + 1\right)Z^2 + \frac{aP}{R^2T^2}Z - \frac{aP}{R^2T^2}\frac{bP}{RT} = 0 \tag{2.2.23}$$

위의 식 (2.2.23)에서 $\frac{bP}{RT} = B$, 그리고 $\frac{aP}{R^2T^2} = A$로 놓으면 아래의 식 (2.2.24)를 얻는다.

$$F(Z) = Z^3 - (B+1)Z^2 + AZ - AB = 0 \tag{2.2.24}$$

위의 식 (2.2.24)는 최고차 항의 계수가 양수이므로, Z 값이 증가할 때, $F(Z)$ 값 또한 증가하는 경향을 가진다. 그리고 Z는 압축인자 값이므로 대체로 0에서 1 사이에 변화하는 값이라고 생각할 수 있다. 위의 식 (2.2.24)는 A와 B 값에 따라서 다음의 [그림 3.2.3]과 같이 5가지 경우로 나눌 수 있다. A와 B 값은 van der Waals 상태방정식의 에너지 매개변수와 크기 매개변수인 a와 b 값 및 온도와 압력의 함수가 된다.

이제 상태방정식을 이용해서 순수성분의 온도에 따른 증기압을 추산하기 위해서 위의 식 (2.1.1)로부터 출발할 수 있다. 그런데 화학포텐셜, μ_i는 아래의 식 (2.2.25)과 같이 쓸 수 있다.

$$\mu_i = \mu_i^0 + RT\ln\left(\frac{f_i}{f_i^0}\right) \tag{2.2.25}$$

또 화학포텐셜, μ_i는 몰당 깁스 자유에너지와 같으므로, 위의 식 (2.2.25)에 대하 전미분은 다음의 식 (2.2.26)와 같이 변형된다.

$$d\mu_i = RTd\ln f_i = dG = VdP \tag{2.2.26}$$

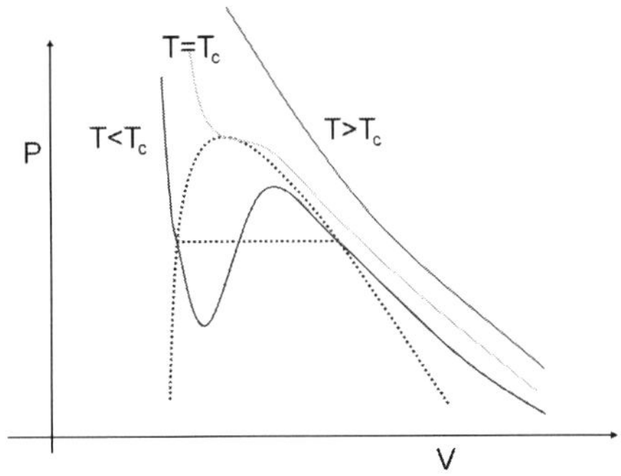

[그림 2.2.2] 삼차형 상태방정식의 3가지 등온선

위의 식 (2.2.26)을 적분하면 다음의 식 (2.2.27)을 얻는다.

$$\ln\left(\frac{f_2}{f_1}\right) = \ln\phi_i = \frac{1}{RT}\int_{P_1}^{P_2} v\,dP \tag{2.2.27}$$

그런데, 초기압력을 영으로 놓으면 위의 식 (2.2.27)은 다음의 식 (2.2.28)과 같이 변형할 수 있다.

$$\ln\left(\frac{f}{P}\right) = \ln\phi_i = \frac{1}{RT}\int_{P_1}^{P_2}\left(v - \frac{RT}{P}\right)dP \tag{2.2.28}$$

위의 식 (2.2.28)에서 $\int_{P_0}^{P} v\,dP$는 부분적분에 의해서 다음의 식 (2.2.29)와 같이 변형할 수 있다.

$$\int_{P_0}^{P} v\,dP = \int_{P_0,v_0}^{P,v} d(Pv) - \int_{v_0}^{v} P\,dv = Pv - P_0v_0 - \int_{v_0}^{v} P\,dv \tag{2.2.29}$$

따라서 위의 식 (2.2.29)은 다음의 식 (2.2.30)과 같다.

$$\begin{aligned} RT\ln\phi_i &= Pv - RT - \int_{v_0}^{v} P\,dv - RT\ln\left(\frac{P}{P_0}\right) \\ &= Pv - RT - \int_{v_0}^{v}\left(P - \frac{RT}{v}\right)dv - \int_{v_0}^{v}\left(\frac{RT}{v}\right)dv - RT\ln\left(\frac{P}{P_0}\right) \end{aligned} \tag{2.2.30}$$

위의 식 (2.2.30)의 양변을 RT로 나누면 다음의 식 (2.2.31)을 얻는다.

$$\ln\phi_i = Z - 1 - \frac{1}{RT}\int_{v_0}^{v}\left(P - \frac{RT}{v}\right)dv - \ln\left(\frac{v}{v_0}\right) - \ln\left(\frac{P}{P_0}\right) \tag{2.2.31}$$

위의 식 (2.2.31)에서 아래의 식 (2.2.32)가 성립한다.

$$-\ln\left(\frac{v}{v_0}\right)-\ln\left(\frac{P}{P_0}\right)=-\ln\left(\frac{Pv}{P_0v_0}\right)=-\ln\left(\frac{Pv}{RT}\right)=-\ln Z \qquad (2.2.32)$$

따라서 위의 식 (2.2.32는 최종적으로 아래의 식 (2.2.33)과 같다.

$$\ln\phi_i = Z-1-\ln Z-\frac{1}{RT}\int_{\infty}^{v}\left(P-\frac{RT}{v}\right)dv \qquad (2.2.33)$$

예제 2.2.1 **반데르발스 상태방정식을 이용한 순수성분의 퓨개시티 계수 표현식의 유도**

풀이

위의 식 (2.2.33)에서 출발한다.

그런데 여기에서,

$$\int_{\infty}^{v}\left(P-\frac{RT}{v}\right)dv=\int_{\infty}^{v}\left[\frac{RT}{v-b}-\frac{a}{v^2}-\frac{RT}{v}\right]dv=RT\ln(v-b)\Big|_{\infty}^{v}+\left(\frac{a}{v}\right)\Big|_{\infty}^{v}-RT\ln v\Big|_{\infty}^{v}=RT\ln\left(\frac{v-b}{v}\right.$$

반데르발스식의 퓨개시티 계수 표현식은 다음과 같다.

$$\ln\phi_i = Z-1-\ln Z-\ln\left(\frac{v-b}{v}\right)+\frac{a}{RTv}$$

예제 2.2.2 **반데르발스 상태방정식을 이용한 322K에서 CH_3Cl의 증기압 추산**

CH3Cl의 임계 물성과 322K에서의 증기압 및 기체 상수 값들에 대해서는 아래의 표에 나타내었다.

Component	Methyl Chloride
T_c(K)	416.3
P_c(atm)	65.9
P^{vap}(322K)	10.49 atm
R	0.08206
T(K)	322

풀이

먼저 반데르발스 상태방정식을 이용해서 에너지 매개변수 및 크기 매개변수를 구하기 위해서 위의 식 (2.2.16)과 식 (2.2.17)을 적용하면 다음을 얻는다.

$$b=\frac{RT_c}{8P_c}=\frac{(0.08206)(416.3)}{(8)(65.9)}=0.0648$$

$$a=\frac{27R^2T_c^2}{64P_c}=\frac{27}{64}\times\frac{(0.08206)^2(416.3)^2}{(65.9)}=7.4709$$

원식인 반데르발스 상태방정식인 위의 식 (2.2.5)에 적용하면 다음을 얻는다.

$$P=\frac{RT}{v-b}-\frac{a}{v^2}=\frac{(0.08206)(322)}{v-0.0648}-\frac{7.4709}{v^2}=\frac{26.42}{v-0.0648}-\frac{7.4709}{v^2}$$

아래의 [그림 2.2.3]에 의하면 반데르발스 상태방정식을 이용해서 322K에서 CH3Cl 성분의 증기압을 추산한 결과는 21.9 atm으로 실험적인 값이 10.49 atm보다 2배 이상 큰 값을 추산하는 것을 알 수 있다. 이는 반데르발스 상태방정식에서 가정한 분자들이 비극성이면서 완전 구형 분자를 가정하였기 때문에 액상에서 인력이 실제보다 더 작게 추산하게 되어 비이상적으로 큰 증기압을 추산하기 때문이다.

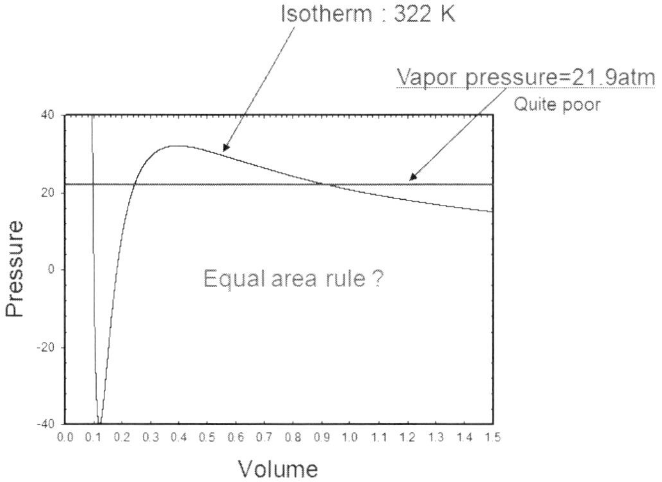

[그림 2.2.3] CH3Cl 성분의 322K에서 반데르발스 상태방정식의 등온선

2.3 Redlich-Kwong 상태방정식과 최초의 Alpha 함수의 소개

반데르발스 상태방정식은 비록 노벨상을 받은 모델식이기는 하지만 정확성에 있어서는 많이 부족하다. 위의 [그림 2.2.3]과 같이 순수성분의 증기압을 잘 추산하지 못하는 이유는 원래 에너지 매개변수는 온도의 함수이지만 여기에서는 식 (2.2.17)과 같이 상수로 고정하였다는 사실이다. 물론 이 식에는 임계온도가 들어가 있기는 하지만 이 값 역시 상수 값이다. 우리는 이미 고등학교 화학시간에 "모든 실제기체는 고온과 저압으로 갈수록 이상기체의 거동에 접근한다." 라고 배웠다. 이 이야기는 즉 분자들 간의 상호작용 에너지는 온도의 함수이며 더 나아가서는 온도에 반비례하는 함수라는 사실이다. 1949년에 Redlich와 Kwong은 아래의 식 (2.3.1)과 같은 상태방정식을 제안하였다.

$$P = \frac{RT}{v-b} - \frac{a/\sqrt{T}}{v(v+b)} \tag{2.3.1}$$

위의 식 (2.3.1)의 의미는 액상의 밀도를 좀 더 정확하게 추산하기 위해서 v^2을 $v(v+b)$로 수정하였으며, 에너지 매개변수는 $\sqrt{T}$에 반비례한다고 확정지었다는 사실이다. 위의 식 (2.3.1)을 아래의 식 (2.3.2)와 같이 조금 변형해서 쓸 수 있다.

$$P = \frac{RT}{v-b} - \frac{a_c \alpha}{v(v+b)} \tag{2.3.2}$$

위의 식 (2.3.1)과 식 (2.3.2)를 비교해 보면 여기에서 도입된 alpha는 다음의 식 (2.3.3)과 같이 쓸 수 있다.

$$\alpha = \frac{1}{\sqrt{T}} \tag{2.3.3}$$

여기에서 $1/\sqrt{T}$는 최초의 alpha 함수로써 에너지 매개변수 a가 온도에 반비례하는 함수라는 것은 그 이전에도 알고 있었지만 $\sqrt{T}$에 반비례한다고 지정하였다는 점에서 그 의의가 있다고 할 수 있다. 한편 에너지 매개변수와 크기 매개변수를 임계온도와 임계압력의 함수로 아래의 식 (2.3.4)와 식 (2.3.5)와 같이 쓸 수 있다. 이것들에 대한 유도는 반데르발스 상태방정식에서의 유도보다는 훨씬 더 복잡한 과정을 걸쳐서 유도되어진다.

$$a = 0.42748 \frac{R^2 T_c^{2.5}}{P_c} \tag{2.3.4}$$

$$b = 0.08664 \frac{RT_c}{P_c} \tag{2.3.5}$$

위의 원식 (2.3.1)을 통분하면 아래의 식 (2.3.6)을 얻는다.

$$P = \frac{RTv(v+b) - \dfrac{a}{\sqrt{T}}(v-b)}{v(v-b)(v+b)} = \frac{RTv^2 + bRTv - \dfrac{a}{\sqrt{T}}v + \dfrac{ab}{\sqrt{T}}}{v^3 - b^2 v} \tag{2.3.6}$$

위의 식 (2.3.6)을 다시 정리하면 아래의 식 (2.3.7)을 얻는다.

$$v^3 - b^2 v = \frac{RT}{P}v^2 - \frac{bRT}{P}v - \frac{a}{P\sqrt{T}}v + \frac{ab}{P\sqrt{T}} \tag{2.3.7}$$

위의 식 (2.3.7)의 우변을 좌변으로 이항하면 아래의 식 (2.3.8)과 같아진다.

$$v^3 - \frac{RT}{P}v^2 - \left(b^2 - \frac{bRT}{P} - \frac{a}{P\sqrt{T}}\right)v - \frac{ab}{P\sqrt{T}} = 0 \tag{2.3.8}$$

위의 식 (2.3.8)의 양변에 $\left(\dfrac{P}{RT}\right)^3$을 곱하면 아래의 식 (2.3.9)와 같아진다.

$$\left(\frac{Pv}{RT}\right)^3 - \left(\frac{Pv}{RT}\right)^2 + \left(\frac{b^2P^2}{R^2T^2} - \frac{bP}{RT} - \frac{a}{\sqrt{T}}\frac{P}{R^2T^2}\right)\left(\frac{Pv}{RT}\right) - \frac{ab}{\sqrt{T}}\frac{P^2}{R^3T^3} = 0 \tag{2.3.9}$$

위의 식 (2.3.9)의 $\dfrac{Pv}{RT} = Z$이므로 위의 식 (2.3.9)는 아래의 식 (2.3.10)과 같아진다.

$$Z^3 - Z^2 + (B^2 - B - A)Z - AB = 0 \tag{2.3.10}$$

위의 식 (3.3.10)에서 $\dfrac{bP}{RT} = B$, 그리고 $\dfrac{a}{\sqrt{T}}\dfrac{P}{R^2T^2} = A$로 놓으면 아래의 식 (2.3.11)을 얻는다.

$$F(Z) = Z^3 - Z^2 + (B^2 - B - A)Z - AB = 0 \tag{2.3.11}$$

Redlich-Kwong 상태방정식의 a_c와 b를 T_c와 P_c의 함수로 유도하기 위해서 위의 식 (2.3.11)의 우변을 서로 통분하면 아래의 식 (2.3.12)와 같아진다.

$$P = \frac{RTv(v+b) - \dfrac{a}{\sqrt{T}}(v-b)}{v(v-b)(v+b)} \tag{2.3.12}$$

위의 식 (2.3.12)를 부피에 관해서 정리하면 아래의 식 (2.3.14)에서 식 (2.3.15)를 얻는다.

$$v(v^2 - b^2) = \frac{RT}{P}v(v+b) - \frac{a}{R\sqrt{T}}(v-b) \tag{2.3.13}$$

$$v^3 - b^2 v = \frac{RT}{P}v^2 + \frac{bRT}{P}v - \frac{a}{P\sqrt{T}}v + \frac{ab}{P\sqrt{T}} \tag{2.3.14}$$

$$v^3 - \frac{RT}{P}v^2 + \left(\frac{a}{P\sqrt{T}} - \frac{bRT}{P} - b^2\right)v - \frac{ab}{P\sqrt{T}} = 0 \tag{2.3.15}$$

위의 식 (2.3.15)를 임계점에서 적용시켜 보면 아래의 식 (2.3.16)을 얻는다.

$$(v - v_c)^3 = v^3 - 3v_c v^2 + 3v_c^2 v - v_c^3 = 0 \tag{2.3.16}$$

위의 식 (2.3.15)와 식 (2.3.16)은 임계점에서 서로 같은 식이므로 각 계수들을 비교하면 다음의 식 (2.3.17)에서 식 (2.3.19)를 얻는다.

$$\frac{RT_c}{P_c} = 3v_c \tag{2.3.17}$$

$$\frac{a}{P_c\sqrt{T_c}} - \frac{bRT_c}{P_c} - b^2 = 3v_c^2 \tag{2.3.18}$$

$$\frac{ab}{P_c\sqrt{T_c}} = 3v_c^3 \tag{2.3.19}$$

식 (3.3.17)과 식 (2.3.19)를 식 (2.3.18)에 대입하면 아래의 식 (2.3.20)을 얻는다.

$$\frac{3v_c^3}{b} - 3bv_c - b^2 = 3v_c^2 \tag{2.3.20}$$

위의 식 (2.3.20)을 정리하면 아래의 식 (2.3.21)을 얻는다.

$$b^3 + 3v_c b^2 + 3v_c^2 b - v_c^3 = 0 \tag{2.3.21}$$

3차방정식의 일반형은 아래의 식 (2.3.22)와 같다.

$$y^3 + py^2 + qy + r = 0 \tag{2.3.22}$$

위의 식 (2.3.22)에서 $y = x - \frac{p}{3}$를 대입하여 정리하면 아래의 식 (2.3.23)에서 (2.3.25)를 얻는다.

$$\left(x-\frac{p}{3}\right)^3+p\left(x-\frac{p}{3}\right)^2+q\left(x-\frac{p}{3}\right)+r=0 \tag{2.3.23}$$

$$\left(x-\frac{p}{3}\right)\left(x^2-\frac{2p}{3}x+\frac{p^2}{9}\right)+p\left(x^2-\frac{2p}{3}x+\frac{p^2}{9}\right)+q\left(x-\frac{p}{3}\right)+r=0 \tag{2.2.24}$$

$$x^3-px^2+\frac{p^2}{3}x-\left(\frac{p}{3}\right)^3+px^2-\frac{2p^2}{3}x+\frac{p^3}{9}+qx-\frac{pq}{3}+r=0 \tag{2.3.25}$$

위의 식 (2.3.25)를 정리하면 아래의 식 (2.3.26)을 얻는다.

$$x^3+\left(q-\frac{1}{3}p^2\right)x+\left(\frac{2}{27}p^3-\frac{pq}{3}+r\right)=0 \tag{2.3.26}$$

위의 식 (2.3.26)을 간략히 표현하면 아래의 식 (2.3.27)을 얻는다.

$$x^3+\alpha x+\beta=0 \tag{2.3.27}$$

그러면 여기에서 위의 식 (2.3.27)의 α와 β는 아래의 식 (2.3.28)과 식 (2.3.29)와 같이 쓸 수 있다.

$$\alpha=\frac{1}{3}(3q-p^2) \tag{2.3.28}$$

$$\beta=\frac{1}{27}(2p^3-9pq+27r) \tag{2.3.29}$$

위의 식 (2.3.27)의 3차 방정식의 세 근은 아래의 식 (2.3.30)에서 식 (2.3.32)와 같다.

$$x=A+B \tag{2.3.30}$$

$$x=-\frac{A+B}{2}+\frac{A-B}{2}\sqrt{-3} \tag{2.3.31}$$

$$x=-\frac{A+B}{2}-\frac{A-B}{2}\sqrt{-3} \tag{2.3.32}$$

그리고 A와 B는 아래의 식 (2.3.33)과 식 (2.3.34)와 같다.

$$A=\sqrt[3]{-\frac{\beta}{2}+\sqrt{\frac{\beta^2}{4}+\frac{\alpha^3}{27}}} \tag{2.3.33}$$

$$B = -\sqrt[3]{+\frac{\beta}{2} + \sqrt{\frac{\beta^2}{4} + \frac{\alpha^3}{27}}} \tag{2.3.34}$$

여기에서 식 (2.3.21)과 식 (2.3.22)을 비교하면 다음의 식 (2.3.35)에서 식 (2.3.38)을 얻는다.

$$b = y \tag{2.3.35}$$

$$p = 3v_c \tag{2.3.36}$$

$$q = 3v_c^2 \tag{2.3.37}$$

$$r = -v_c^3 \tag{2.3.38}$$

이로부터 α와 β를 구하면 다음의 식 (2.3.39)와 식 (2.3.40)과 같다.

$$\alpha = \frac{1}{3}\left(9v_c^2 - 9v_c^2\right) = 0 \tag{2.3.39}$$

$$\beta = \frac{1}{27}\left(2p^3 - 9pq + 27r\right) = \frac{1}{27}\left(2 \times 27v_c^3 - 9 \times 3v_c^3 - 27v_c^3\right) = -2v_c^3 \tag{2.3.40}$$

위의 식 (2.3.39)와 식 (2.3.40)을 이용해서 A와 B를 구하면 아래의 식 (2.3.41)과 식 (2.3.42)와 같아진다.

$$A = \sqrt[3]{-\frac{\beta}{2} + \sqrt{\frac{\beta^2}{4} + \frac{\alpha^3}{27}}} = \sqrt[3]{-\frac{\beta}{2} + \frac{\beta}{2}} = 0 \tag{2.3.41}$$

$$B = -\sqrt[3]{+\frac{\beta}{2} + \sqrt{\frac{\beta^2}{4} + \frac{\alpha^3}{27}}} = \sqrt[3]{+\frac{\beta}{2} + \frac{\beta}{2}} = \sqrt[3]{\beta} = \sqrt[3]{-2v_c^3} = \sqrt[3]{2}\,v_c \tag{2.3.42}$$

따라서 b에 관한 표현식은 아래의 식 (2.3.43)과 같아진다.

$$b = x - \frac{p}{3} = A + B - \frac{3v_c}{3} = 0 + 2^{1/3}v_c - v_c = \left(2^{1/3} - 1\right)v_c \tag{2.3.43}$$

위의 식 (2.3.43)은 식 (2.3.17)과 연립해서 다음의 식 (2.3.44)와 같아진다.

$$b = \left(2^{1/3} - 1\right)\frac{RT_c}{3P_c} = 0.086640\frac{RT_c}{P_c} \tag{2.3.44}$$

a에 관한 표현식을 구하기 위해서 위의 식 (2.3.19)를 변형하면 아래의 식 (2.3.45)를 얻는다.

$$a=\frac{P_c T_c^{0.5}}{b}v_c^3=\frac{P_c T_c^{0.5}}{(2^{1/3}-1)v_c}v_c^3=\frac{P_c T_c^{0.5}}{(2^{1/3}-1)}\left(\frac{RT_c}{3P_c}\right)^2=0.427480\frac{R^2T_c^{2.5}}{P_c} \qquad (2.3.45)$$

2.4 Pitzer의 이심인자의 소개

1955년에 Pitzer는 이심인자를 아래의 식 (2.4.1)과 같이 정의하였다. 이심인자를 다른 말로 표현하면 바로 'Non-sphericity factor' 라고 할 수 있다. 즉, 비극성이며 완전 구형에 가까운 분자일수록 그 값은 0에 가깝다. 아래에서 주기율표 상에서 가장 오른쪽에 있는 비활성 기체인 알곤은 그 값이 0이며 네온은 -0.03960으로써 0에 매우 가까운 값을 가지는 것을 확인할 수 있다. 또한 메탄에서 노말 부탄까지 탄소 수가 증가할수록 이심인자 값이 조금씩 증가하는 것을 알 수 있는데 흥미로운 것은 노말 부탄 이심인자 값은 0.20016인데 반하여 분자의 길이가 상대적으로 짧은 이산화탄소의 이심인가 값이 0.22362로 더 크다는 사실이다. 이는 노말 부탄과 이산화탄소 모두 다 영구적인 쌍극자 모멘트 값이 0인 반면에 quarupole moment 값은 이산화탄소의 경우 매우 크다는 것에 기인한다. 이 값이 크면 쌍극자 사이의 거리가 커서 유도 쌍극자를 일으키는 것으로 알려져 있다. 이산화탄소는 탄화수소 혼합물 중에 소량만 함유되어도 전체 탄화수소 혼합물 사이의 상평형 거동을 예측하기 어렵게 만든다. 또한 분자들 사이의 수소 결합을 하는 물 분자의 경우에도 이심인자 값은 0.34436으로 분자의 크기에 비해서 매우 크고, 심지어 증기상에서 이량체를 형성하는 회합성 물질은 초산의 경우에는 이심인자 값이 0.46652로 매우 큰 것을 알 수 있다.

$$\omega=-1-\log_{10}\left(P_r^{sat}\right)_{T_r=0.7} \qquad (2.4.1)$$

한편 다음의 [표 2.4.1]에는 몇 가지 성분들에 대해서 임계온도, 임계압력, 임계 압축인자 및 이심인자 값을 정리하였다.

[표 2.4.1] 몇 가지 성분들에 대한 임계온도, 임계압력, 임계 압축인자 및 이심인자 값

Component	T_c (K)	P_c (bar)	Z_c	ω
Methane	190.6	46.0	0.288	0.01155
Ethane	305.4	48.8	0.285	0.09949
Propane	369.8	42.5	0.281	0.15229
N-Butane	425.2	38.0	0.274	0.20016
Hydrogen	33.19	13.13	0.305	-0.205993
Helium	5.2	2.275	0.302	-0.390032
Argon	15.08	48.7	0.291	0
Neon	44.4	27.6	0.311	-0.03960
Acetic Acid	594.4	57.9	0.200	0.46652
Carbon Dioxide	304.2	73.8	0.274	0.22362
Water	647.3	220.5	0.229	0.34486

2.5 Soave-Redlich-Kwong 상태방정식의 소개

1972년도에 이탈리아의 Giorgio Soave는 노벨상을 수상한 van der Waals 상태방정식의 단점을 보완한 Redlich-Kwong 상태방정식과 Pitzer의 이심인자를 결합한 아래의 식 (2.5.1)과 같은 상태방정식을 제안하였다.

$$P = \frac{RT}{v-b} - \frac{a_c \alpha}{v(v+b)} \qquad (2.5.1)$$

위의 식 (2.5.1)에서 a_c와 b는 Redlich-Kwong 상태방정식과 동일하며 alpha 함수는 아래의 식 (2.5.2)와 같이 쓸 수 있다.

$$\alpha = \left[1 + \left(0.48508 + 1.55171\omega - 0.15613\omega^2\right)\left(1 - T_r^{0.5}\right)\right]^2 \qquad (2.5.2)$$

위의 원식 (2.5.1)을 통분하면 아래의 식 (2.5.3)을 얻는다.

$$P = \frac{RTv(v+b) - a_c\alpha(v-b)}{v(v-b)(v+b)} = \frac{RTv^2 + bRTv - a_c\alpha v + a_c\alpha b}{v^3 - b^2 v} \qquad (2.5.3)$$

위의 식 (2.5.3)을 다시 정리하면 아래의 식 (2.5.4)를 얻는다.

$$v^3 - b^2 v = \frac{RT}{P}v^2 - \frac{bRT}{P}v - \frac{a_c\alpha}{P}v + \frac{a_c\alpha b}{P} \quad (2.5.4)$$

위의 식 (2.5.4)의 우변을 좌변으로 이항하면 아래의 식 (2.5.5)와 같아진다.

$$v^3 - \frac{RT}{P}v^2 - \left(b^2 - \frac{bRT}{P} - \frac{a_c\alpha}{P}\right)v - \frac{a_c\alpha b}{P} = 0 \quad (2.5.5)$$

위의 식 (2.5.5)의 양변에 $\left(\frac{P}{RT}\right)^3$을 곱하면 아래의 식 (2.5.6)과 같아진다.

$$\left(\frac{Pv}{RT}\right)^3 - \left(\frac{Pv}{RT}\right)^2 + \left(\frac{b^2P^2}{R^2T^2} - \frac{bP}{RT} - \frac{a_c\alpha P}{R^2T^2}\right)\left(\frac{Pv}{RT}\right) - \frac{a_c\alpha bP^2}{R^3T^3} = 0 \quad (2.5.6)$$

위의 식 (2.5.6)의 $\frac{PV}{RT} = Z$이므로 위의 식 (2.5.6)은 아래의 식 (2.5.7)과 같아진다.

$$Z^3 - Z^2 + (B^2 - B - A)Z - AB = 0 \quad (2.5.7)$$

위의 식 (2.5.7)에서 $\frac{bP}{RT} = B$, 그리고 $\frac{a_c\alpha P}{R^2T^2} = A$로 놓으면 아래의 식 (2.5.8)을 얻는다.

$$F(Z) = Z^3 - Z^2 + (B^2 - B - A)Z - AB = 0 \quad (2.5.8)$$

예제 2.5.1 **SRK 상태방정식을 이용한 CH_3Cl의 322K에서 증기압 추산**

PRO/II에 내장되어 있는 SRK 상태방정식을 이용하여 322K에서 CH3Cl 성분의 증기압을 추산하라.

풀이

Soave가 변형한 상태방정식은 편심인자를 도입함으로써 반데르발스 식이나 Redlich-Kwong 식보다 액체의 증기압 추산을 좀 더 개선시켰다. 실제로 Soave가 제안한 상태방정식을 이용해서 322K에서 Methyl Chloride의 증기압을 추산해 보면 아래의 그림과 같이 10.802atm로써 실험치인 10.49atm과 매우 근사한 값을 추산한다.

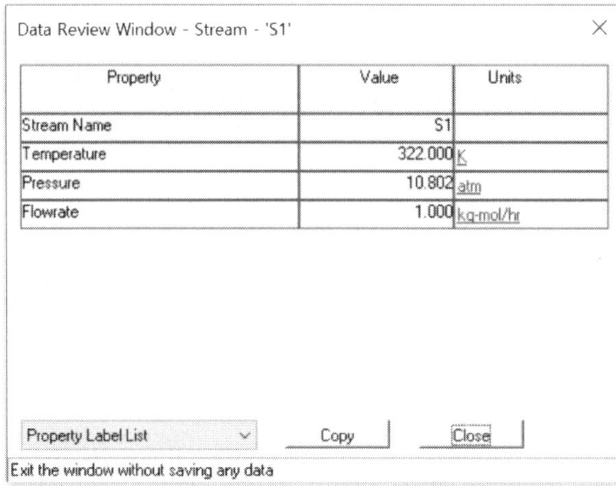

2.6 SRK 상태방정식에서 Alpha 함수의 문제점

삼차형 상태방정식의 온도에 의존적인 $a(T)$는 다시 쓰면 다음과 식 (2.6.1)과 같이 쓸 수 있다.

$$a(T) = a(T_c)\alpha(T) \tag{2.6.1}$$

위의 식 (2.6.1)에서 분자간의 인력을 나타내는 온도에 의존적인 $a(T)$를 두 항의 곱으로 표시하는 이유는 다음과 같다. 우선 식 (2.5.2)에 나타낸 Soave의 Original Alpha Form은 틀렸다. 그 이유는 식 (2.5.2)는 원리상 2차 방정식이므로 포물선의 모양을 갖는데 이는 환산온도가 증가하면 $a(T)$는 다시 증가하는데 이렇게 되면 온도가 증가하면 분자간의 상호작용 에너지가 다시 증가하게 되어 실상과 맞지 않는다. 다음 [그림 5.3]을 보자. 아래 그림 5.3은 수소에 대한 Alpha 값을 수소의 환산온도의 함수로 나타낸 것이다. 수소는 임계온도가 낮기 때문에 수소를 많이 사용하고 온도가 높은 NCC 공정의 경우에는 Original Alpha Form이 맞지 않을 수 있다. 두 번째 이유로는 식 (3.5.2)의 Omega값 앞의 계수들의 Regression에 참여한 성분들이 주로 탄화수소와 이산화탄소, 질소 등 약 20여 가지로 제한되어 있기 때문에 SRK나 PR 식과 같은 상태방정식의 적용을 비이상성이 강한 Chemical Compounds들이 상평형을 예측하는데 사용하는 것을 제한해 왔다. 따라서 현재부터의 추세는 새로운 Alpha Form을 여러 가지로 제안해서 순수 성분의 온도에 따른 실험적인 증기압을 Regression해서 그 계수들을 성분에 의존적인 값으로 새로이 정의하는 경향이다. 새로운 Alpha Form이 갖추어야 할 기본적인 조건들은 다음과 같다.

1. The α function must be finite and positive for all temperatures.
2. The α function must equal unity at the critical point.
3. The α function must approach zero value as the temperature approaches infinity.

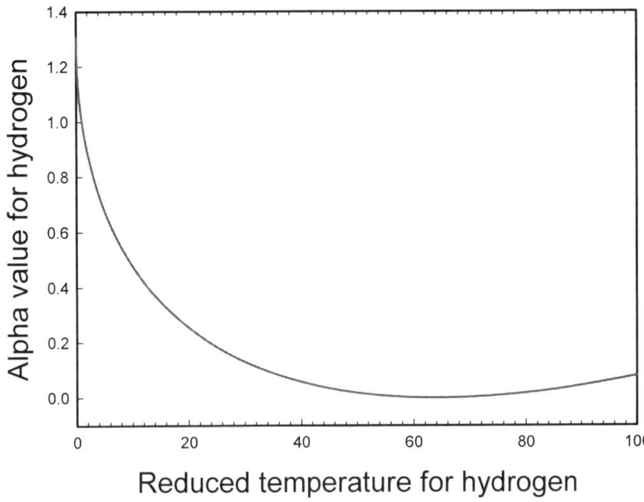

[그림 2.6.1] 수소에 대한 환산온도에 따른 Alpha 값의 도시

2.7 Peng-Robinson 상태방정식의 소개

앞 절에서 SRK 상태방정식은 Redlich-Kwong 상태방정식에서 α 함수를 도입함으로써 유체의 증기압 추산은 상당히 개선하였으나 임계 압축인자 값인 Z_c는 0.333으로 실제 실험 데이터보다 너무 크게 예측되어 그 결과 액체의 밀도 계산에 큰 오차가 수반된다는 데에 착안하여 1976년에 Peng과 Robinson이 임계점에서의 압축인자 값을 0.3075가 되도록 Functional Form을 다음의 식 (2.7.1)과 같이 변형하였다.

$$P = \frac{RT}{v-b} - \frac{a_c \alpha}{v(v+b)+b(v-b)} \tag{2.7.1}$$

위의 식 (2.7.1)에서 에너지 매개변수와 크기 매개변수인 a_c와 b 값 및 Alpha 함수인 α는 아래의 식 (2.7.2)에서 식 (2.7.4) 사이에 나타내었다.

$$a_c = 0.45724 \frac{R^2 T_c^2}{P_c} \tag{2.7.2}$$

$$b = 0.07780 \frac{R T_c}{P_c} \tag{2.7.3}$$

$$\alpha = \left[1 + \left(0.37464 + 1.54226\omega - 0.26992\omega^2\right)\left(1 - T_r^{0.5}\right)\right]^2 \tag{2.7.4}$$

Peng–Robinson(PR) 상태방정식은 Soave가 변형한 Redlich–Kwong 상태방정식보다 액상의 밀도 계산에서 탄소개수가 6개에서 10개 사이의 중간영역의 탄화수소 계열에 대해서 좀 더 잘 추산하는 것으로 알려져 있다. 하지만 여전히 액상의 밀도를 잘 추산하지 못하기 때문에, 비록 PR식이나 SRK식을 모사기에서 선정한다 하더라도 액상밀도 추산을 위해서는 PRO/II에서는 API 모델식을 Aspen Plus에서는 디폴트로 Rackett 모델식을 사용하고 있다. 아래의 그림 2.7.1은 몇 가지 탄화수소에 대한 물성 계산을 위해서 Peng–Robinson 상태방정식을 PRO/II에서 지정한 창이다.

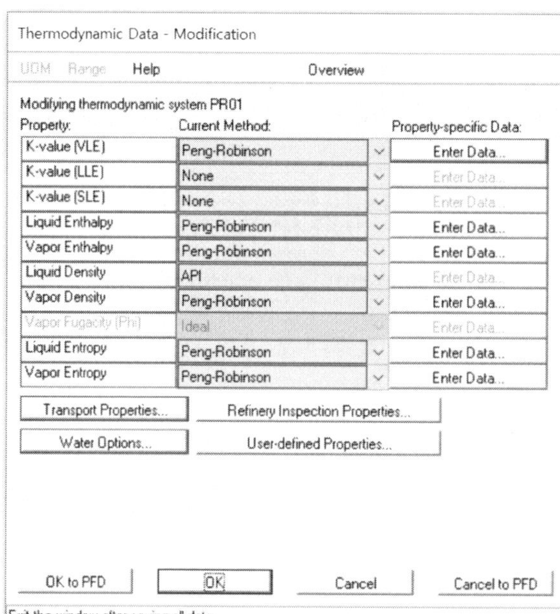

[그림 2.7.1] 열역학 모델식으로 Peng–Robinson 상태방정식을 지정한 경우에 액상 밀도 추산으로 API 모델식이 디폴트로 지정된 예

우선 위의 식 (2.7.1)의 Peng-Robinson 상태방정식을 조금 수정하면 아래의 식 (2.7.5)와 같아진다.

$$P = \frac{RT}{v-b} - \frac{a}{v(v+b)+b(v-b)} = \frac{RT}{v-b} - \frac{a}{v^2+2bv-b^2} \qquad (2.7.5)$$

위의 식 (2.7.5)는 임계점에서 다음의 식 (2.7.6)의 조건을 만족해야 한다.

$$\left(\frac{\partial P}{\partial v}\right)_T = \left(\frac{\partial^2 P}{\partial v^2}\right)_T = 0 \qquad (2.7.6)$$

위의 식 (2.7.6)을 적용하면 아래의 식 (2.7.7)과 식 (2.7.8)을 얻는다.

$$\left(\frac{\partial P}{\partial v}\right)_T = -\frac{RT}{(v-b)^2} + \frac{2a(v+b)}{(v^2+2bv-b^2)^2} \qquad (2.7.7)$$

$$\begin{aligned}\left(\frac{\partial^2 P}{\partial v^2}\right)_T &= \frac{2RT}{(v-b)^3} + 2a\left[\frac{(v^2+2bv-b^2)^2-(v+b)(2)(v^2+2bv-b^2)(2)(v+b)}{(v^2+2bv-b^2)^4}\right] \\ &= \frac{2RT}{(v-b)^3} + 2a\left[\frac{1}{(v^2+2bv-b^2)^2} - \frac{4(v+b)^2}{(v^2+2bv-b^2)^3}\right]\end{aligned} \qquad (2.7.8)$$

위의 식 (2.7.8)식을 0으로 놓고 풀면 다음의 식 (2.7.9)를 얻는다.

$$\frac{RT}{(v-b)^2} = \frac{2a(v+b)}{(v^2+2bv-b^2)^2} \qquad (2.7.9)$$

위의 식 (2.7.9)를 a에 관해서 정리하면 다음의 식 (2.7.10)을 얻는다.

$$a = \frac{RT(v^2+2bv-b^2)^2}{2(v-b)^2(v+b)} \qquad (2.7.10)$$

위의 식 (2.7.10)을 정리해서 다시 쓰면 다음의 식 (2.7.11)과 같다.

$$-\frac{2RT}{(v-b)^3} = 2a\left[\frac{1}{(v^2+2bv-b^2)^2} - \frac{4(v+b)^2}{(v^2+2bv-b^2)^3}\right] \qquad (2.7.11)$$

위의 식 (2.7.10)에 a를 식 (2.7.11)에 대입하면 다음의 식 (2.7.12)를 얻는다.

$$-\frac{2RT}{(v-b)^3} = \frac{RT(v^2+2bv-b^2)^2}{(v-b)^2(v+b)}\left[\frac{1}{(v^2+2bv-b^2)^2} - \frac{4(v+b)^2}{(v^2+2bv-b^2)^3}\right] \qquad (2.7.12)$$

위의 식 (2.7.12)의 양변을 RT로 나누면 다음의 식 (2.7.13)을 얻는다.

$$0=\frac{2}{(v-b)^3}+\frac{(v^2+2bv-b^2)^2}{(v-b)^2(v+b)}\left[\frac{1}{(v^2+2bv-b^2)^2}-\frac{4(v+b)^2}{(v^2+2bv-b^2)^3}\right] \tag{2.7.13}$$

위의 식 (2.7.13)의 우변을 정리하면 다음의 식 (2.7.14)와 같다.

$$0=\frac{2}{(v-b)^3}+\frac{1}{(v-b)^2(v+b)}-\frac{4(v+b)}{(v-b)^2(v^2+2bv-b^2)} \tag{2.7.14}$$

위의 식 (2.7.14)의 양변을 $(v-b)^3(v+b)(v^2+2bv-b^2)$으로 곱하면 다음의 식 (2.7.15)에서 식 (2.7.17)과 같이 변형된다.

$$0=2(v+b)(v^2+2bv-b^2)+(v-b)(v^2+2bv-b^2)-4(v-b)(v+b)^2 \tag{2.7.15}$$

$$0=2(v^3+3bv^2+b^2v-b^3)+(v^3+bv^2-3b^2v+b^3)-4(v^3+bv^2-b^2v-b^3) \tag{2.7.16}$$

$$0=-v^3+3bv^2+3b^2v+3b^3 \tag{2.7.17}$$

위의 식 (2.7.17)을 임계조건에서 다시 b에 관해서 정리하면 다음의 식 (2.7.18)과 같은 3차 방정식을 얻는다.

$$b^3+v_cb^2+v_c^2b-\frac{v_c^3}{3}=0 \tag{2.7.18}$$

3차방정식의 일반형은 다음의 식 (2.7.19)와 같다.

$$y^3+py^2+qy+r=0 \tag{2.7.19}$$

위의 식 (2.7.19)에서 $y=x-\frac{p}{3}$를 대입하면 다음의 식 (2.7.20)에서 (2.7.22)와 같이 변형된다.

$$\left(x-\frac{p}{3}\right)^3+p\left(x-\frac{p}{3}\right)^2+q\left(x-\frac{p}{3}\right)+r=0 \tag{2.7.20}$$

$$\left(x-\frac{p}{3}\right)\left(x^2-\frac{2p}{3}x+\frac{p^2}{9}\right)+p\left(x^2-\frac{2p}{3}x+\frac{p^2}{9}\right)+q\left(x-\frac{p}{3}\right)+r=0 \tag{2.7.21}$$

$$x^3-px^2+\frac{p^2}{3}x-\left(\frac{p}{3}\right)^3+px^2-\frac{2p^2}{3}x+\frac{p^3}{9}+qx-\frac{pq}{3}+r=0 \tag{2.7.22}$$

위의 식 (2.7.22)를 정리하면 다음의 식 (2.7.23)을 얻는다.

$$x^3 + \left(q - \frac{1}{3}p^2\right)x + \left(\frac{2}{27}p^3 - \frac{pq}{3} + r\right) = 0 \tag{2.7.23}$$

위의 식 (2.7.23)을 간략히 표현하면 다음의 식 (2.7.24)와 같다.

$$x^3 + \alpha x + \beta = 0 \tag{2.7.24}$$

그러면 위의 식 (2.7.24)에서 α와 β는 다음의 식 (2.7.25)와 식 (2.7.26)과 같이 쓸 수 있다.

$$\alpha = \frac{1}{3}\left(3q - p^2\right) \tag{2.7.25}$$

$$\beta = \frac{1}{27}\left(2p^3 - 9pq + 27r\right) \tag{2.7.26}$$

위의 식 (2.7.24)의 3차방정식의 세근은 다음의 식 (2.7.27)에서 식 (2.7.29)와 같다.

$$x = A + B \tag{2.7.27}$$

$$x = -\frac{A+B}{2} + \frac{A-B}{2}\sqrt{-3} \tag{2.7.28}$$

$$x = -\frac{A+B}{2} - \frac{A-B}{2}\sqrt{-3} \tag{2.7.29}$$

그리고 위의 식들에서 A와 B는 다음의 식 (2.7.30)과 식 (2.7.31)과 같다.

$$A = \sqrt[3]{-\frac{\beta}{2} + \sqrt{\frac{\beta^2}{4} + \frac{\alpha^3}{27}}} \tag{2.7.30}$$

$$B = -\sqrt[3]{+\frac{\beta}{2} + \sqrt{\frac{\beta^2}{4} + \frac{\alpha^3}{27}}} \tag{2.7.31}$$

여기에서 식 (2.7.18)과 식 (2.7.19)를 비교하면 다음의 식 (2.7.32)에서 식 (2.7.35)를 얻는다.

$$b = y \tag{2.7.32}$$

$$p = v_c \tag{2.7.33}$$

$$q = v_c^2 \tag{2.7.34}$$

$$r = -\frac{v_c^3}{3} \tag{2.7.35}$$

이로부터 α와 β를 구하면 다음의 식 (2.7.36)과 식 (2.7.37)과 같아진다.

$$\alpha = \frac{1}{3}\left(3v_c^2 - v_c^2\right) = \frac{2}{3}v_c^2 \tag{2.7.36}$$

$$\beta = \frac{1}{27}\left(2p^3 - 9pq + 27r\right) = \frac{1}{27}\left(2v_c^3 - 9v_c^3 - 9v_c^3\right) = -\frac{16}{27}v_c^3 \tag{2.7.37}$$

위의 식 (2.7.24)에서 식 (2.7.26)을 이용해서 A와 B를 구하면 다음의 식 (2.7.38)에서 식 (2.7.41)과 같다.

$$-\frac{\beta}{2} = -\frac{8}{27}v_c^3 \tag{2.7.38}$$

$$\begin{aligned}\sqrt{-\frac{\beta^2}{4} + \frac{\alpha^3}{27}} &= \left[\frac{\left(-\frac{16v_c^3}{27}\right)^2}{4} + \frac{\left(\frac{2v_c^2}{3}\right)^3}{4}\right]^{1/2} = \left[\frac{4^4 \times v_c^6}{3^6 \times 4} + \frac{2^3 \times v_c^6}{3^3 \times 3^3}\right]^{1/2} \\ &= \left[\frac{2^6 \times v_c^6}{3^6} + \frac{2^3 \times v_c^6}{3^6}\right]^{1/2} = \left[\frac{2^3 \times v_c^6(2^3+1)}{3^6}\right]^{1/2} = \frac{2\sqrt{2}\,v_c^3(2^3+1)^{1/2}}{3^3} = \frac{2\sqrt{2}}{9}v_c^3\end{aligned} \tag{2.7.39}$$

$$\begin{aligned}A &= \sqrt[3]{-\frac{\beta}{2} + \sqrt{\frac{\beta^2}{4} + \frac{\alpha^3}{27}}} = \sqrt[3]{\frac{8}{27}v_c^3 + \frac{2\sqrt{2}}{9}v_c^3} \\ &= \sqrt[3]{\frac{8}{27}v_c^3 + \frac{6\sqrt{2}}{27}v_c^3} = \sqrt[3]{\frac{1}{27}v_c^3(8+6\sqrt{2})} = \frac{v_c}{3}\sqrt[3]{8+6\sqrt{2}}\end{aligned} \tag{2.7.40}$$

$$\begin{aligned}B &= -\sqrt[3]{+\frac{\beta}{2} + \sqrt{\frac{\beta^2}{4} + \frac{\alpha^3}{27}}} = \sqrt[3]{-\frac{8}{27}v_c^3 + \frac{2\sqrt{2}}{9}v_c^3} \\ &= -\sqrt[3]{-\frac{8}{27}v_c^3 + \frac{6\sqrt{2}}{27}v_c^3} = -\sqrt[3]{\frac{1}{27}v_c^3(-8+6\sqrt{2})} = -\frac{v_c}{3}\sqrt[3]{-8+6\sqrt{2}}\end{aligned} \tag{2.7.41}$$

따라서 b에 관한 표현식은 다음의 식 (2.7.42)와 같아진다.

$$\begin{aligned}b &= x - \frac{p}{3} = A + B - \frac{v_c}{3} \\ &= \frac{v_c}{3}\sqrt[3]{8+6\sqrt{2}} - \frac{v_c}{3}\sqrt[3]{-8+6\sqrt{2}} - \frac{v_c}{3} = \frac{v_c}{3}\left(\sqrt[3]{8+6\sqrt{2}} - \sqrt[3]{-8+6\sqrt{2}} - 1\right)\end{aligned} \tag{2.7.42}$$

따라서 위의 식 (2.7.42)를 정리하면 다음의 식 (2.7.43)과 같다.

$$b = 0.253077 v_c \tag{2.7.43}$$

그런데 임계부피 v_c는 다음의 식 (2.7.44)와 같다.

$$b = 0.253077 Z_c \frac{RT_c}{P_c} \tag{2.7.44}$$

이제 a에 대한 표현식을 구하기 위해서 위의 식 (2.7.44)를 식 (2.7.6)의 임계조건에 대입하면 다음의 식 (2.7.45)를 얻는다.

$$a = \frac{RT_c[(v_c^2 + 2(0.253077)v_c^2 - (0.253077v_c)^2]}{2(v_c - 0.253077v_c)^2(v_c + 0.253077v_c)} = \frac{2.07967RT_c v_c^4}{1.39817 v_c^3} = 1.487423RT_c v_c \tag{2.7.45}$$

위의 식 (2.7.45)를 정리하면 다음의 식 (2.7.46)을 얻는다.

$$a = 1.487423 \frac{R^2 T_c^2 Z_c}{P_c} \tag{2.7.46}$$

이제 임계점에서 압축인자 Z_c를 구하기 위해 다음의 식 (2.7.47)과 식 (2.7.48)에 a와 b를 대입해 보자.

$$Z_c = \frac{P_c v_c}{RT_c} = \frac{v_c}{v_c - b} - \frac{a v_c}{RT_c(v_c^2 + 2bv_c - b^2)} \tag{2.7.47}$$

$$\begin{aligned} Z_c &= \frac{v_c}{v_c(1 - 0.253077)} - \frac{1.48742RT_c v_c^2}{RT_c v_c^2[1 + 2(0.253077) - (0.253077)^2]} \\ &= \frac{1}{(1 - 0.253077)} - \frac{1.48742}{[1 + 2(0.253077) - (0.253077)^2]} \end{aligned} \tag{2.7.48}$$

최종적으로 다음의 식 (2.7.49)가 얻어진다.

$$Z_c = 0.3074 \tag{2.7.49}$$

그러면 식 (2.7.49)을 식 (2.7.48)에 대입하면 b를 T_c와 P_c의 함수로 아래의 식 (2.7.50)을 얻을 수 있다.

$$b = 0.07780 \frac{RT_c}{P_c} \tag{2.7.50}$$

또한 식 (2.7.49)식을 식 (2.7.46)에 대입하면 a를 T_c와 P_c의 아래의 식 (2.7.51)을 얻을 수 있다.

$$a = 0.45723 \frac{R^2 T_c^2}{P_c} \tag{2.7.51}$$

또한 PR 상태방정식에 대한 압축인자 Z의 함수로의 유도도 Redlich-Kwong식의 유도과정과 완전히 같으므로 여기에서도 결과식만 아래의 식 (2.7.52)에서 식 (2.7.54)와 같이 쓴다.

$$Z^3 - (1-B)Z^2 + (A - 3B^2 - 2B)Z - (AB - B^2 - B^3) = 0 \tag{2.7.52}$$

$$A = \frac{a\alpha P}{R^2 T^2} \tag{2.7.53}$$

$$B = \frac{bP}{RT} \tag{2.7.54}$$

2.8 일반적인 2개의 매개변수를 가지는 3차형 상태방정식

a와 b 두 개의 매개변수를 갖는 모든 3차형 상태방정식은 다음의 식 (2.8.1)과 같이 일반화시킬 수 있다.

$$P = \frac{RT}{v-b} - \frac{a(T)}{v^2 + ubv + wb^2} \tag{2.8.1}$$

아래의 [표 2.8.1]에 의하면 임계점에서의 압축인자 값이 모두 0.3을 넘는다. 그런데 실제 유체의 실험적인 임계 압축인자 값은 CH4가 0.2880, C2H6가 0.2840이고 C3H8이 0.2800으로 0.3을 넘지 않는다. 하지만 SRK 상태방정식이나 PR 상태방정식이 대다수의 화학공정 모사기에서 여전히 사용되고 있는데 그 이유는 화학공정의 모사에 있어서 중요한 것은 K-value의 정확한 추산이지 액체의 밀도 계산이 아니기 때문이다. 또한 앞에서 밝힌 바와 같이 SRK나 PR식을 선정한다 하더라도 PRO/II에서는 액체의 밀도 계산에 API 모델식을 Aspen Plus에서는 Rackett 모델식을 디폴트로 사용하고 있다. 지금까지 제시한 2개의 매개변수를 가지는 삼차형 상태방정식 이외에 임계점에서의 압축인자 값을 성분에 의존적으로 정의한 3개의 매개변수를 가지는 삼차형 상태방정식도 많이 제안되고 있으나 이는 액체의 밀도 추산에 있어서는 다소 정확도가 개선되기는 하나 순수 성분의 증기압이나 혼합물의 K-value 계산에 있어서는 2개의 매개변수를 가지는 삼차형 상태방정식보다 그다지 큰 개선효과를 내지 못한다. 그리고 3개의매개변수를 가지는 삼차형 상태방정식은 이 책에서 주로 사용하고 있는 PRO/II에는 내장되어 있지 않으므로 여기서는 자세한 소개는 생략하기로 한다.

[표 2.8.1] 몇 가지 3차형 상태방정식에 대한 u와 w값과 Z_c

Equation	u	w	Z_c
van der Waals	0	0	0.3750
Redlich–Kwong	1	0	0.3333
Soave–Redlich–Kwong	1	0	0.3333
Peng–Robinson	−2	−1	0.3074

2.9 Twu의 변형된 Alpha 함수의 소개

Soave가 제안한 초기의 Alpha 함수인 식 (2.5.2)는 원리상 틀렸다. 왜냐하면 Alpha 값은 온도가 증가할 때 감소하여 온도가 무한대가 되면 영에 수렴해야 한다. 하지만 해당 함수의 형태상 다시 증가하도록 되어 있기 때문이다. 이것은 수소와 같이 임계온도가 낮고 NCC 공정에서처럼 수소가 다량이며 운전온도는 600℃ 이상인 고온에서는 환산온도인 T_r 값이 커지므로 이렇게 되면 실제로는 분자간의 상호인력이 매우 작아야 함에도 불구하고 인력 항이 크게 추산될 것이다. 이것은 뒤에 상태방정식의 혼합규칙을 변형하여 과거에 탄화수소 계열의 기액 상평형 추산에만 주로 이용했던 것은 그 적용범위를 비이상성이 큰 성분들 간의 상평형 추산에 상태방정식을 이용하기 위해서 새로운 Alpha 함수를 도입할 필요가 있게 된다. 따라서 앞으로의 추세는 이심인자를 도입하여 이심인자 앞의 계수를 모든 성분에 대해 동일한 값을 적용하는 것이 아니라 모든 성분에 대해 온도에 따른 증기압 실험 데이터를 회귀 분석하여 Alpha 함수에 대한 계수를 성분마다 다르게 정의하는 것이다. [표 2.9.1]에는 여러 가지 Alpha 함수들을 나타내었다.

아래의 [그림 2.9.1]과 같이 물, 에탄올, 벤젠의 증기압을 아래의 식 (2.9.1)과 같이 Twu의 새로운 Alpha Form을 사용해서 상태방정식으로 추산하는 이유는 다음과 같다. 원래 물과 에탄올 은 공비점을 형성하기 때문에 벤젠과 같은 공비점 분리제를 사용해서 공비증류공정으로 순수한 무수 에탄올을 생산하는 공정의 모사는 NRTL이나 UNIQUAC과 같은 활동도계수 모델식을 이용해서 모사를 수행해 왔으나 이러한 전통적으로 액체 활동도계수 모델식으로 모사하는 영역을 침범하기 위한 기초 작업이라고 보아야 할 것이다. 이러한 상태방정식 모델을 이용해서 공비증류공정을 완벽히 모사하기에는 아직 한계가 있으나 만일 상압 근처에서 물-에탄올-벤젠 사이의 삼성분계 액액 상분리 현상을 잘 추산한다면 앞으로 조만간 액체 활동도 계수 모델식을 이용하여 모사하는 영역을 많이 대체하지 않을까 생각되어진다.

$$\alpha = T_r^{C_3(C_2-1)} \exp C_1\left(1 - T_r^{C_2 C_3}\right) \tag{2.9.1}$$

또한 아래의 [표 2.9.2]에는 에탄올, 벤젠과 물에 대한 위의 식 (2.9.1)의 Twu의 Alpha 함수의 계수들을 나타내었다.

[표 2.9.1] PRO/II에 내장되어 있는 Alpha Formulations

Form	Expression for alpha function	References
01	$\alpha = \left[1 + C_1\left(1 - T_r^{0.5}\right)\right]^2$	Soave (1972)
02	$\alpha = \left[C_1 + C_2\left(1 - T_r^{C_3}\right)\right]^2$	Peng-Robinson (1980)
03	$\alpha = 1 + (1 - T_r)\left(C_1 + \frac{C_2}{T_r}\right)$	Soave (1979)
04	$\alpha = \exp\left[C_1\left(1 - T_r^{C_2}\right)\right]$	Boston-Mathias (1980)
05	$\alpha = T_r^{2(C_2-1)} \exp C_1\left(1 - T_r^{2C_2}\right)$	Twu (1988)
06	$\alpha = T_r^{C_3(C_2-1)} \exp C_1\left(1 - T_r^{C_2 C_3}\right)$	Twu-Bluck-Cunningham-Coon (1991) Recommended by SimSci
07	$\alpha = \exp\left(\frac{2C_1}{1+C_1}\left(1 - T_r^{(C_1+1)/2}\right)\right)$	Alternative form for (04)
08	$\alpha = T_r^{C_3} \exp\left[C_1\left(1 - T_r^{C_2}\right)\right]$	Alternative form for (06)
09	$\alpha = \left[C_1\left(1 - T_r^{0.5}\right) + C_2\left(1 - T_r^{0.5}\right)^{2} + C_3\left(1 - T_r^{0.5}\right)^{3}\right]^2$	Mathias-Copeman (1983)
10	$\alpha = \left[C_1\left(1 - T_r^{0.5}\right) + C_2(1 - T_r)(0.7 - T_r)\right]^2$	Mathias (1983)
11	$\alpha = \left[C_1(1 - T_r) + C_2\left(1 - T_r^{0.5}\right)^2\right]$	Melhem-Saini-Goodwin (1989)

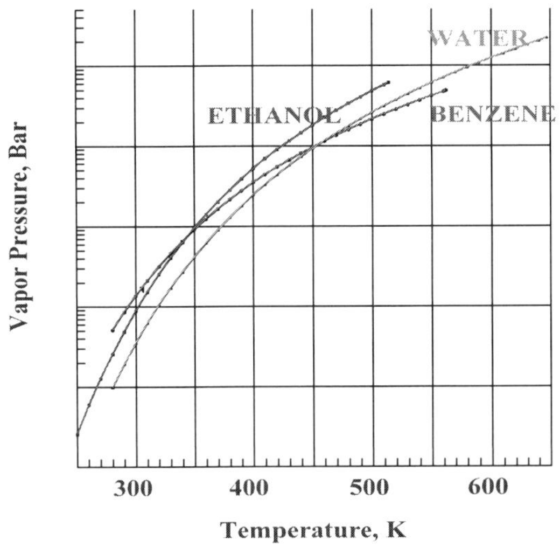

[그림 2.9.1] 물, 에탄올, 벤젠의 실험적인 증기압과 Alpha Form (06 및 09)를 이용한 추산

[표 2.9.2] PRO/II에 내장되어 있는 Alpha Form (06, 09)을 이용한 물, 에탄올, 벤젠에 대한 계수들

Component	Alpha form	C_1	C_2	C_3
Water	09	1.09449	−0.6575141	0.692255
Ethanol	06	0.853581	0.898357	1.68854
Benzene	08	0.10442	3.75195	−0.47602

2.10 혼합물의 K-value를 잘 추산하기 위한 혼합규칙에 대한 소개

상태방정식을 이용해서 혼합물의 증기-액 상평형을 계산하기 위해서는 혼합규칙을 도입해서 사용해야 한다. 다음 [식 2.10.1]은 이산화탄소와 에탄 이성분계에 대한 270K에서의 압력-조성을 나타낸 것이다. 혼합규칙이란 상태방정식의 이용해서 혼합물의 a와 b값을 나타내기 위한 것으로 van der Waals의 One Fluid 혼합규칙은 다음과 같다.

$$a = \sum_i \sum_j x_i x_j \sqrt{a_i a_j}\,(1 - k_{ij}) \tag{2.10.1}$$

$$b = \sum_i x_i b_i \tag{2.10.2}$$

여기에서 k_{ij}란 이성분계 상호작용 매개변수(Binary interaction parameter)로써 회기분석을 통하여 실험적인 상평형 데이터와의 편차를 최소화시키는 값으로 정의한다. PRO/II에는 약 10,000여개의 이성분계 쌍에 대해서 이성분계 상호작용 매개변수가 내장되어 있다. [식 2.10.1]는 실험 데이터를 나타내는 것이고 점선은 $k_{ij}=0$인 경우 즉, 실험적인 상평형데이터를 회귀분석하지 않은 채 SRK 상태방정식으로 추산한 것이고 실선으로 표시한 것이 내장된 k_{ij}값을 이용해서 상평형을 추산한 것이다. 이러한 이성분계 상호작용 매개변수에 대해 공정모사 수행 시 알아 두어야 할 일반적인 사항으로써 다음과 같은 것들이 있다.

공정모사기에 내장된 k_{ij}값을 이용하면 일반적으로 혼합물의 증기-액 상평형 추산을 개선하는 효과가 있다.

k_{ij}값은 상태방정식의 결점(대응상태의 원리의 한계점)을 보완한다.

어느 한 종류의 상태방정식의 k_{ij}값(예컨데, SRK 상태방정식의 k_{ij}값)을 다른 종류의 상태방정식(예컨데 PR 상태방정식)의 k_{ij}값에 이용해서는 안된다. 앞서 기술한 간단한 형태의 혼합규칙 이외에도 여러 가지 혼합규칙이 존재한다. 모든 종류의 혼합규칙을 일일이 열거하기 보다는 PRO/II 공정모사기에 내장되어 있는 모델들을 다음 테이블의 형태로 요약하였다.

2.11 혼합물 중의 성분 'i'의 퓨개시티 표현식의 유도

원식은 다음의 식 (2.11.1)과 같다.

$$\ln\hat{\phi}_i = -\ln Z - \int_\infty^v \left[\left(\frac{\partial(nZ)}{\partial n_i}\right)_{T,V,n_{j\neq i}} - 1\right]\frac{dV}{V} \tag{2.11.1}$$

위의 식 (2.11.1)의 혼합물 중의 성분 'i'의 퓨개시티 계수는 원리상 혼합물이 기상과 액상에서 서로 평형을 이루고 있을 때 다음의 식 (2.11.2)와 같은 관계식이 성립한다.

$$\mu_i^v(T,P,y_i) = \mu_i^l(T,P,x_i) \tag{2.11.2}$$

그런데 화학포텐셜, μ_i는 다음의 식 (2.11.3)과 같이 쓸 수 있다.

$$\mu_i = \mu_i^0 + RTln\left(\frac{\hat{f}_i}{f_i^0}\right) \tag{2.11.3}$$

또, 화학포텐셜, μ_i는 몰당 깁스 자유에너지와 같으므로, 다음의 식 (2.11.4)와 같이 변형된다.

$$d\mu_i = RTd\ln\hat{f}_i = d\overline{G_i} = \overline{V_i}dP = \left[\frac{\partial(nV)}{\partial n_i}\right]dP \tag{2.11.4}$$

편미분에 관한 chain rule에 의하면 다음의 식 (2.11.5)의 관계식이 성립한다.

$$\left(\frac{\partial nV}{\partial n_i}\right)\left(\frac{\partial n_i}{\partial P}\right)\left(\frac{\partial P}{\partial nV}\right) = -1 \tag{2.11.5}$$

위의 식 (2.11.5)로부터 식 (2.11.4)의 우변 항을 구하면 다음의 식 (2.11.6)과 같다.

$$\left(\frac{\partial nV}{\partial n_i}\right)dP = \overline{V_i}dP = -\left(\frac{\partial P}{\partial n_i}\right)d(nV) \tag{2.11.6}$$

위의 식 (2.11.6)을 식 (2.11.4)에 대입하면 다음의 식 (2.11.7)을 얻는다.

$$RTd\ln\hat{f}_i = -\left(\frac{\partial P}{\partial n_i}\right)d(nV) \tag{2.11.7}$$

식 (2.11.7)의 양변에 $RTd\ln\left(\frac{V}{RT}\right)$를 더하면 다음의 식 (2.11.8) 및 식 (2.11.9)와 같아진다.

$$RTd\ln\frac{\hat{f}_iV}{RT} = -\left(\frac{\partial P}{\partial n_i}\right)d(nV) + RTd\ln\left(\frac{V}{RT}\right) \tag{2.11.8}$$

$$RTd\ln\frac{\hat{f}_iV}{RT} = \left[-\left(\frac{\partial P}{\partial n_i} + \frac{RT}{nV}\right)\right]d(nV) \tag{2.11.9}$$

그런데, $\lim_{V\to\infty} ln\frac{\hat{f}_iV}{RT} = \lim_{P\to 0}\frac{\hat{f}_i}{P} = \ln y_i$가 성립한다. 위의 식 (2.11.9)를 적분하면 다음의 식 (2.11.10)을 얻는다.

$$RT\ln\frac{\hat{f}_i}{y_i} = \int_V^\infty\left(\frac{\partial P}{\partial n_i} - \frac{RT}{nV}\right)d(nV) - RT\ln\frac{V}{RT} \tag{2.11.10}$$

위의 식 (2.11.10)의 양변에서 $RT\ln P$를 빼면 다음의 식 (2.11.11)에서 식 (2.11.13)을 얻는다.

$$RT\ln\frac{\hat{f}_i}{y_i} - RT\ln P = \int_V^{\infty}\left(\frac{\partial P}{\partial n_i} - \frac{RT}{nV}\right)d(nV) - RT\ln\frac{V}{RT} - RT\ln P \tag{2.11.11}$$

$$RT\ln\frac{\hat{f}_i}{y_iP} = \int_V^{\infty}\left(\frac{\partial P}{\partial n_i} - \frac{RT}{nV}\right)d(nV) - RT\ln\frac{PV}{RT} \tag{2.11.12}$$

$$RT\ln\hat{\phi}_i = RT\ln\frac{\hat{f}_i}{y_iP} = \int_V^{\infty}\left(\frac{\partial P}{\partial n_i} - \frac{RT}{nV}\right)d(nV) - RT\ln Z \tag{2.11.13}$$

그런데 압축인자의 정의로부터 $P = \dfrac{ZRT}{V}$ 이므로 다음 관계식 (2.11.14)가 얻어진다.

$$\left(\frac{\partial P}{\partial n_i}\right)_{T,nV,n_{j\neq i}} = \frac{P}{nZ}\left(\frac{\partial(nZ)}{\partial n_i}\right)_{T,nV,n_{j\neq i}} \tag{2.11.14}$$

위의 식 (2.11.12)식을 식 (2.11.11)에 대입해서 정리하면 다음의 원식 (2.11.15)을 얻는다.

$$\ln\hat{\phi}_i = -\ln Z - \int_{\infty}^{v}\left[\left(\frac{\partial(nZ)}{\partial n_i}\right)_{T,V,n_{j\neq i}} - 1\right]\frac{dV}{V} \tag{2.11.15}$$

2.12 SRK 상태방정식에 적용한 혼합물 중의 성분 'i'의 퓨개시티 표현식

혼합물 중의 성분 'i' 에 대한 퓨개시티 계수 표현식은 앞서 유도한 식 (2.12.1)과 같다.

$$\ln\hat{\phi}_i = -\ln Z - \int_{\infty}^{v}\left[\left(\frac{\partial(nZ)}{\partial n_i}\right)_{T,V,n_{j\neq i}} - 1\right]\frac{dv}{v} \tag{2.12.1}$$

또한 SRK 상태방정식은 다음의 식 (2.12.2)과 같다.

$$P = \frac{RT}{v-b} - \frac{a}{v(v+b)} \tag{2.12.2}$$

위의 식 (2.12.2)의 양변에 $\dfrac{v}{RT}$을 곱하면 다음의 식 (2.12.3)을 얻는다.

$$\frac{Pv}{RT} = Z = \frac{v}{v-b} - \frac{a/RT}{(v+b)} \tag{2.12.3}$$

그런데 여기에서 매개변수 a와 b는 다음의 식들과 같다. 우선 순수성분에 대해서 정리하면 다음의 식들을 얻는다.

$$b = 0.08664\frac{RT_c}{P_c} \tag{2.12.4}$$

$$a = a(T_c) \cdot \alpha(T_r, \omega) \tag{2.12.5}$$

$$a(T_c) = a_c = 0.42748\frac{R^2 T_c^2}{P_c} \tag{2.12.6}$$

$$\alpha = \left[1 + 0.480 + 1.574\omega - 0.176\omega^2\left(1 - T_r^{0.5}\right)\right]^2 \tag{2.12.7}$$

$$T_r = T/T_c \tag{2.12.8}$$

그리고 혼합물들에 대해서는 다음의 식들을 적용할 수 있다.

$$b = \sum_i \sum_j x_i x_j b_{ij} \tag{2.12.9}$$

$$a = \sum_i \sum_j x_i x_j a_{ij} \tag{2.12.10}$$

$$b_{ij} = \frac{1}{2}(b_{ii} + b_{jj})(1 - c_{ij}) \tag{2.12.11}$$

$$a_{ij} = \sqrt{a_i a_j}\,(1 - k_{ij}) \tag{2.12.12}$$

원식 (2.12.1)의 표현식에서 Z가 있으므로 이를 Soave-Redlich-Kwong식에 적용하기 위해 식 (2.12.1)의 양변에 n을 곱하면 다음의 식 (2.12.13)을 얻는다.

$$nZ = \frac{V}{v-b} - \frac{na/RT}{(v+b)} \tag{2.12.13}$$

여기에서 $V = nv$이다. 또한, 위의 식 (2.12.13)의 우변의 각 항의 분자와 분모항에 몰수 n을 곱하면 다음의 식 (2.12.14)을 얻는다.

$$nZ = \frac{nV}{V-nb} - \frac{n^2a/RT}{(V+nb)} \tag{2.12.14}$$

위의 식 (2.12.14)을 편미분해서 $\left[\frac{\partial(nZ)}{\partial n_i}\right]_{T,V,n_{j\neq i}}$ 를 구해 보자. 여기에서 편의상 하첨자, $T, V, n_{j\neq i}$를 생략하면 아래의 식 (2.12.15)를 얻을 수 있다.

$$\frac{\partial(nZ)}{\partial n_i} = \frac{V(V-nb) + nV\frac{\partial(nb)}{n_i}}{(V-nb)^2} - \frac{\frac{1}{RT}\frac{\partial(n^2a)}{\partial n_i}(V+nb) - \frac{n^2a}{RT}\frac{\partial(nb)}{\partial n_i}}{(V+nb)^2} \tag{2.12.15}$$

위의 식 (2.12.15)로부터 원식의 적분기호 안의 식을 구하면 다음의 식 (2.12.16)과 같아진다.

$$\frac{\partial(nZ)}{\partial n_i} - 1 = \frac{nbV - (nb)^2 + nV\frac{\partial(nb)}{\partial n_i}}{(V-nb)^2} - \frac{\frac{1}{RT}\frac{\partial(n^2a)}{\partial n_i}}{(V-nb)} + \frac{\frac{n^2a}{RT}\frac{\partial(nb)}{\partial n_i}}{(V+nb)^2} \tag{2.12.16}$$

우의 식 (2.12.1)에서 b와 nb는 다음의 식 (2.12.17)과 식 (2.12.18)와 같다.

$$b = \sum_i x_i b_i = \frac{1}{n^2}\sum_i\sum_j n_i n_j b_{ij} \tag{2.12.17}$$

$$nb = \frac{1}{n}\sum_i\sum_j n_i n_j b_{ij} \tag{2.12.18}$$

위의 식 (2.12.18)에서 $\sum_i\sum_j n_i n_j b_{ij}$를 구해 보면 아래의 식 (2.12.19)과 같아진다.

$$\begin{aligned}\sum_i\sum_j n_i n_j b_{ij} = {} & n_1 n_1 b_{11} + n_1 n_2 b_{12} + \ldots + n_1 n_i b_{1i} + \ldots \\ & + n_2 n_1 b_{21} + n_2 n_2 b_{22} + \ldots + n_2 n_i b_{1i} + \ldots \\ & + \ldots\ldots \\ & + n_i n_{1_{i1}} + n_i n_2 b_{i2} + \ldots + n_i n_i b_{ii} + \ldots \\ & + \ldots\ldots\end{aligned} \tag{2.12.19}$$

$$\frac{\partial(nb)}{\partial n_i} = \frac{\partial}{\partial n_i}\left[\frac{1}{n}\sum_i\sum_j n_i n_j b_{ij}\right] = -\frac{1}{n^2}\sum_i\sum_j n_i n_j b_{ij} + \frac{1}{n}\frac{\partial}{\partial n_i}\sum_i\sum_j n_i n_j b_{ij} \tag{2.12.20}$$

위의 식 (2.12.20)에서 괄호 안의 미분을 다시 쓰면 다음의 식 (2.12.21)와 같아진다.

$$\frac{\partial}{\partial n_i}\sum_i\sum_j n_i n_j b_{ij} = \frac{\partial(n_1 n_i b_{1i})}{\partial n_i} + \frac{\partial(n_2 n_i b_{2i})}{\partial n_i} + ... + \frac{\partial(n_i n_i b_{ii})}{\partial n_i} + ... + \frac{\partial(n_i n_1 b_{i1})}{\partial n_i} + ... + \frac{\partial(n_i n_2 b_{i2})}{\partial n_i} + ... \quad (2.12.21)$$

위의 식 (2.12.21)를 더욱 정리하면 다음의 식 (2.12.22)을 얻는다.

$$\begin{aligned}\frac{\partial}{\partial n_i}\sum_i\sum_j n_i n_j b_{ij} &= n_1 b_{1i} + n_2 b_{2i} + ... + 2n_i b_{ii}(= n_i b_{ii} + n_i b_{ii}) + ... + n_1 b_{i1} + n_2 b_{i2} + ... \\ &= \sum_l n_l b_{li} + \sum_l n_l b_{il}\end{aligned} \quad (2.12.22)$$

그런데, $b_{il} = b_{li}$라 놓을 수 있다. 또한 위의 식 (2.12.22)는 다음의 식 (2.12.23)과 같이 단순화시킬 수 있다.

$$\frac{\partial(nb)}{\partial n_i} = -b + 2\overline{b_i} \quad (2.12.23)$$

위의 식 (2.12.23)에서 $\overline{b_i} = \sum_l x_l b_{li}$이다.

또한 a에 대해서도 마찬가지 방법을 적용시켜 보기 위해서 아래의 식 (2.12.24)에서 식 (2.12.26)을 생각해 보자.

$$a = \sum_i x_i x_j a_{ij} = \frac{1}{n^2}\sum_i n_i n_j a_{ij} \quad (2.12.24)$$

$$n^2 a = \sum_i n_i n_j a_{ij} \quad (2.12.25)$$

$$\begin{aligned}\sum_i\sum_j n_i n_j a_{ij} = n_1 n_1 a_{11} &+ n_1 n_2 a_{12} + ... + n_1 n_i a_{1i} + ... \\ &+ n_2 n_1 a_{21} + n_2 n_2 a_{22} + ... + n_2 n_i a_{1i} + ... \\ &+ ...... \\ &+ n_i n_1 a_{i1} + n_i n_2 a_{i2} + ... + n_i n_i a_{ii} + ...\end{aligned} \quad (2.12.26)$$

위의 식 (2.12.26)을 미분하면 다음의 식 (2.12.27)을 얻는다.

$$\frac{\partial(n^2 a)}{\partial n_i} = \frac{\partial(n_1 n_i a_{1i})}{\partial n_i} + \frac{\partial(n_2 n_i a_{2i})}{\partial n_i} + ... + \frac{\partial(n_i n_i a_{ii})}{\partial n_i} + \frac{\partial(n_i n_1 a_{i1})}{\partial n_i} + \frac{\partial(n_i n_2 a_{i2})}{\partial n_i} + ... \quad (2.12.27)$$

위의 식 (2.12.27)을 다시 정리하면 다음의 식 (2.12.28)를 얻는다.

$$\frac{\partial(n^2a)}{\partial n_i}= n_1a_{1i} + n_2a_{2i} + ... + 2n_ia_{ii}(= n_ia_{ii} + n_ia_{ii})= n_1a_{i1} + n_2a_{2i} + ... \quad (2.12.28)$$

위의 식 (2.12.28)는 다음의 식 (2.12.29)과 같이 일반화할 수 있다.

$$\frac{\partial(n^2a)}{\partial n_i}= \sum_{l=1}^{N} n_la_{li} + \sum_{l=1}^{N} n_la_{il} \quad (2.12.29)$$

위의 식 (2.12.29)에서 $a_{il} = a_{li}$이다. 그러면 위의 식 (2.12.29)은 다음의 식 (2.12.30)와 같이 된다.

$$\frac{\partial(n^2a)}{\partial n_i}= 2\sum_{l=1}^{N} n_la_{il} = 2n\sum_{l=1}^{N} x_la_{il} = 2n\overline{a_i} \quad (2.12.30)$$

여기에서 $\overline{a_i}= \sum_{l=1}^{N} x_la_{il}$로 정의한다. 위의 식 (2.12.10)에 (2.12.17)과 식 (2.12.24)를 대입해서 정리하면 다음의 식 (2.12.31)를 얻는다.

$$\frac{\partial(nZ)}{\partial n_i} - 1 = \frac{nbV - (nb)^2 + nV(-b + 2\overline{b_i})}{(V - nb)^2} - \frac{2n\overline{a_i}/RT}{(V - nb)} + \frac{n^2a/RT(2\overline{b_i} - b)}{(V + nb)^2} \quad (2.12.31)$$

위의 식 (2.12.31)를 다시 정리하면 다음의 식 (2.12.32)을 얻는다.

$$\frac{\partial(nZ)}{\partial n_i} - 1 = \frac{2n\overline{b_i}V}{(V - nb)^2} - \frac{(nb)^2}{(V - nb)^2} - \frac{2n\overline{a_i}/RT}{(V + nb)} + \frac{n^2a/RT(2\overline{b_i} - b)}{(V + nb)^2} \quad (2.12.32)$$

원식 (2.12.1)에서 $\left[\frac{\partial(nZ)}{\partial n_i} - 1\right]\frac{1}{V}$을 구하기 위해 식 (2.12.32)의 양변에 $\frac{1}{V}$를 곱하면 다음의 식 (2.12.33)을 얻는다.

$$\frac{\partial(nZ)}{\partial n_i} - 1 = \frac{2n\overline{b_i}V}{(V - nb)^2} - \frac{(nb)^2}{(V - nb)^2} - \frac{2n\overline{a_i}/RT}{(V + nb)} + \frac{n^2a/RT(2\overline{b_i} - b)}{(V + nb)^2} \quad (2.12.33)$$

적분 테이블로부터 다음의 식 (2.12.34)과 식 (2.12.35)를 얻는다.

$$\int \frac{dx}{x(a + bx)} = -\frac{1}{a}ln\left(\frac{a + bx}{x}\right) \quad (2.12.34)$$

$$\int \frac{dx}{x(a + bx)^2} = \frac{1}{a(a + bx)} - \frac{1}{a^2}ln\frac{a + bx}{x} \quad (2.12.35)$$

$\int_{\infty}^{V}\left[\frac{\partial(nZ)}{\partial n_i}-1\right]\frac{dV}{V}$를 구하기 위해서 식 (2.12.33)의 우변을 각 항마다 적분해 보면 다음의 식 (2.12.36)에서 식 (2.12.39)을 얻는다.

$$\int_{\infty}^{V}\frac{2n\overline{b_i}}{(V-nb)^2}dV=-\frac{2n\overline{b_i}}{V-nb} \tag{2.12.36}$$

$$\begin{aligned}\int_{\infty}^{V}\frac{(nb)^2}{V(V-nb)^2}dV&=(nb)^2\left[\frac{1}{-nb(V-nb)}-\frac{1}{(-nb)^2}ln\left(\frac{V-nb}{V}\right)\right]\Bigg|_{\infty}^{V}\\&=-\frac{b}{v-b}-\ln\left(\frac{v-b}{v}\right)\end{aligned} \tag{2.12.37}$$

$$\int_{\infty}^{V}\frac{2n\overline{a_i}/RT}{V(V+nb)}dV=-\left(\frac{2n\overline{a_i}}{RT}\right)\left(\frac{1}{nb}\right)\ln\left(\frac{V+nb}{V}\right)=-\frac{2\overline{a_i}}{bRT}ln\left(\frac{v+b}{v}\right) \tag{2.12.38}$$

$$\begin{aligned}\cdot\int_{\infty}^{V}\frac{\frac{n^2a}{RT}(2\overline{b_i}-b)}{V(V+nb)^2}dV&=\frac{\frac{n^2a}{RT}(2\overline{b_i}-b)}{(nb)(V+nb)}-\frac{\frac{n^2a}{RT}(2\overline{b_i}-b)}{(nb)^2}ln\left(\frac{V+nb}{V}\right)\\&=\frac{a}{bRT}\frac{(2\overline{b_i}-b)}{(v+b)}-\frac{a(2\overline{b_i}-b)}{b^2RT}ln\left(\frac{v+b}{v}\right)\end{aligned} \tag{2.12.39}$$

위의 식 (2.12.33)을 원식에 대입해서 다시 쓰면 다음의 식 (2.12.40)와 같아진다.

$$\begin{aligned}\ln\hat{\phi_i}&=-\ln Z-\int_{\infty}^{V}\left[\frac{\partial(nZ)}{\partial n_i}-1\right]\frac{dV}{V}\\&=-\ln Z-\int_{\infty}^{V}\frac{2n\overline{b_i}}{(V-nb)^2}dV+\int_{\infty}^{V}\frac{(nb)^2}{\mathrm{V}(V-nb)^2}dV\\&\quad+\int_{\infty}^{V}\frac{2n\overline{a_i}/RT}{V(V+nb)}dV-\int_{\infty}^{V}\frac{n^2a/RT(2\overline{b_i}-b)}{V(V+nb)^2}dV\end{aligned} \tag{2.12.40}$$

앞서 유도한 식 (2.12.36)에서 식 (2.12.39)들을 원식에 대입하면 다음의 식 (2.12.41)을 얻는다.

$$\begin{aligned}\ln\hat{\phi_i}=&-\ln Z+\frac{2\overline{b_i}}{v-b}-\frac{b}{v-b}-\ln\frac{v-b}{v}+\frac{2\overline{a_i}}{bRT}ln\left(\frac{v+b}{v}\right)\\&-\frac{a}{bRT}\frac{(2\overline{b_i}-b)}{(v+b)}+\frac{a(2\overline{b_i}-b)}{b^2RT}ln\left(\frac{v+b}{v}\right)\end{aligned} \tag{2.12.41}$$

위의 식 (2.12.41)내의 우변의 항들을 다음의 식 (2.12.42)에서 식 (2.12.43) 사이에 아래와 같이 정리해 보자.

$$-\ln Z-\ln\frac{v-b}{v}=-\ln\left(\frac{Pv}{RT}\cdot\frac{v-b}{v}\right)=-\ln\frac{P(v-b)}{RT} \tag{2.12.42}$$

$$\begin{aligned}\frac{2\overline{b_i}}{v-b}-\frac{b}{v-b}-\frac{a}{bRT}\frac{(2\overline{b_i}-b)}{(v+b)}&=\frac{2\overline{b_i}-b}{v-b}-\frac{a}{bRT}\frac{(2\overline{b_i}-b)}{(v+b)}\\&=\frac{2\overline{b_i}-b}{b}\left(\frac{b}{v-b}-\frac{a/RT}{v+b}\right)=\frac{2\overline{b_i}-b}{b}(Z-1)\end{aligned} \tag{2.12.43}$$

$$\frac{2\overline{a_i}}{bRT}ln\left(\frac{v+b}{v}\right)+\frac{a(2\overline{b_i}-b)}{b^2RT}ln\left(\frac{v+b}{v}\right)=\frac{a}{bRT}\left[\frac{2\overline{a_i}}{a}+\frac{2\overline{b_i}-b}{b}\right]\ln\left(\frac{v+b}{v}\right) \tag{2.12.44}$$

최종적으로 SRK식에 적용한 혼합물의 퓨개시티 계수 표현식은 다음의 식 (3.12.46)와 같다.

$$\ln\hat{\phi}_i=-\ln\frac{P(v-b)}{RT}+\frac{2\overline{b_i}-b}{b}(Z-1)+\frac{a}{bRT}\left[\frac{2\overline{a_i}}{a}+\frac{2\overline{b_i}-b}{b}\right]\ln\left(\frac{v+b}{v}\right) \tag{2.12.45}$$

여기에서, $\overline{a_i}=\sum_l x_l a_{li}$, $\overline{b_i}=\sum_l x_l b_{li}$이다. 그런데, $b=\sum_i x_i b_i=\frac{1}{n}\sum_i n_i b_i$인 경우에는 $\frac{\partial(nb)}{\partial n_i}=b_i$가 된다. 따라서, 식 (2.12.45)에서 $2\overline{b_i}-b$대신에 b_i를 써야 하므로 최종적으로 다음의 식 (2.12.46)와 같이 표현된다.

$$\ln\hat{\phi}_i=-\ln\frac{P(v-b)}{RT}+\frac{b_i}{b}(Z-1)+\frac{a}{bRT}\left[\frac{2\overline{a_i}}{a}+\frac{b_i}{b}\right]\ln\left(\frac{v+b}{v}\right) \tag{2.12.46}$$

2.13 PR 상태방정식에 적용한 혼합물 중의 성분 'i' 의 퓨개시티 표현식

혼합물 중의 성분 'i' 에 대한 퓨개시티 계수 표현식은 다음의 식 (2.13.0)과 같다.

$$\ln\hat{\phi}_i=-\ln Z-\int_\infty^v\left[\left(\frac{\partial(nZ)}{\partial n_i}\right)_{T,V,n_{j\neq i}}-1\right]\frac{dv}{v} \tag{2.13.0}$$

위의 식 (2.13.0)의 Peng-Robinson 상태방정식의 다른 형식은 아래의 식 (2.13.1)과 같다.

$$P = \frac{RT}{v-b} - \frac{a}{v(v+b)+b(v-b)} \tag{2.13.1}$$

위의 식 (2.13.1)의 양변에 $\frac{v}{RT}$을 곱하면 다음의 식 (2.13.2)를 얻는다.

$$Z = \frac{v}{v-b} - \frac{av/RT}{v(v+b)+b(v-b)} \tag{2.13.2}$$

그런데 여기에서 매개변수 a와 b는 다음의 식들과 같다. 순수성분에 대해서는

$$b = 0.07780\frac{RT_c}{P_c} \tag{2.13.3}$$

$$a = a(T_c) \cdot \alpha(T_r, \omega) \tag{2.13.4}$$

$$a = a(T_c) \cdot \alpha(T_r, \omega) \tag{2.13.5}$$

$$\alpha = \left[1 + (0.37464 + 1.54226\omega - 0.26992\omega^2)(1 - T_r^{0.5})\right]^2 \tag{2.13.6}$$

$$T_r = T/T_c \tag{2.13.7}$$

혼합물에 대해서는 다음의 식들을 적용할 수 있다.

$$b = \sum_i \sum_j x_i x_j b_{ij} \tag{2.13.8}$$

$$a = \sum_i \sum_j x_i x_j a_{ij} \tag{2.13.9}$$

$$b_{ij} = \frac{1}{2}(b_{ii} + b_{jj})(1 - c_{ij}) \tag{2.13.10}$$

$$a_{ij} = \sqrt{a_i a_j}(1 - k_{ij}) \tag{2.13.11}$$

위의 식 (2.13.11)의 표현식의 양변에 n을 곱하면 다음의 식 (2.13.12)을 얻는다.

$$nZ = \frac{V}{v-b} - \frac{aV/RT}{v(v+b)+b(v-b)} \tag{2.13.12}$$

여기에서 $V = nv$이다. 또한, 식 (2.13.12)의 우변의 첫째항의 분자와 분모항에 몰수 n을 곱하고 둘째항의 분자와 분모항에는 n^2을 곱하면 다음의 식 (2.13.13)와 식 (2.13.14)를 얻는다.

$$nZ = \frac{nV}{V-nb} - \frac{n^2aV/RT}{V(V+nb)+nb(V-nb)} \tag{2.13.13}$$

$$nZ = \frac{nV}{V-nb} - \frac{n^2aV/RT}{V^2+2nbV-(nb)^2} \tag{2.13.14}$$

편의상 하첨자, $T, V, n_{j \neq i}$를 생략하면 다음의 식 (2.13.15)을 얻는다.

$$\frac{\partial(nZ)}{\partial n_i} = \frac{V(V-nb)+nV\frac{\partial(nb)}{n_i}}{(V-nb)^2}$$
$$= -\frac{\frac{V}{RT}\frac{\partial(n^2a)}{\partial n_i}\left[V^2+2nbV-(nb)^2\right] - \frac{V}{RT}n^2a\left[2V\frac{\partial(nb)}{\partial n_i} - 2nb\frac{\partial(nb)}{\partial n_i}\right]}{\left[V^2+2nbV-(nb)^2\right]^2} \tag{2.13.15}$$

위의 식 (2.13.15)으로부터 원식의 적분기호 안의 식을 구하면 다음의 식 (2.13.16)과 같다.

$$\frac{\partial(nZ)}{\partial n_i} - 1 = \frac{nbV-(nb)^2+nV\frac{\partial(nb)}{\partial n_i}}{(V-nb)^2}$$
$$-\frac{\frac{V}{RT}\frac{\partial(n^2a)}{\partial n_i}}{\left[V^2+2nbV-(nb)^2\right]} + \frac{\frac{V}{RT}n^2a\left[2V\frac{\partial(nb)}{\partial n_i} - 2nb\frac{\partial(nb)}{\partial n_i}\right]}{\left[V^2+2nbV-(nb)^2\right]^2} \tag{2.13.16}$$

위의 식 (2.13.16)에서 다음의 식 (2.13.17)에서 식 (2.13.20)을 얻는다.

$$b = \sum_i x_i b_i = \frac{1}{n^2}\sum_i\sum_j n_i n_j b_{ij} \tag{2.13.17}$$

$$nb = \frac{1}{n}\sum_i\sum_j n_i n_j b_{ij} \tag{2.13.18}$$

$$\begin{aligned}\sum_i\sum_j n_i n_j b_{ij} &= n_1n_1b_{11} + n_1n_2b_{12} + ... + n_1n_ib_{1i} + ... \\ &+ n_2n_1b_{21} + n_2n_2b_{22} + ... + n_2n_ib_{1i} + ... \\ &+ ...... \\ &+ n_in_{1_{i1}} + n_in_2b_{i2} + ... + n_in_ib_{ii} + ... \\ &+ ......\end{aligned} \tag{2.13.19}$$

$$\begin{aligned}\frac{\partial(nb)}{\partial n_i} &= \frac{\partial}{\partial n_i}\left[\frac{1}{n}\sum_i\sum_j n_i n_j b_{ij}\right] \\ &= -\frac{1}{n^2}\sum_i\sum_j n_i n_j b_{ij} + \frac{1}{n}\frac{\partial}{\partial n_i}\sum_i\sum_j n_i n_j b_{ij}\end{aligned} \tag{2.13.20}$$

위의 식 (2.13.20)에서 박스 안의 미분을 다시 쓰면 식 (2.13.21)을 얻는다.

$$\begin{aligned}\frac{\partial}{\partial n_i}\sum_i\sum_j n_i n_j b_{ij} &= \frac{\partial(n_1 n_i b_{1i})}{\partial n_i} + \frac{\partial(n_2 n_i b_{2i})}{\partial n_i} + ... + \frac{\partial(n_i n_i b_{ii})}{\partial n_i} + ... \\ &+ \frac{\partial(n_i n_1 b_{i1})}{\partial n_i} + ... + \frac{\partial(n_i n_2 b_{i2})}{\partial n_i} + ...\end{aligned} \tag{2.13.21}$$

위의 식 (2.13.21)를 더욱 정리하면 다음의 식 (2.13.22)을 얻는다.

$$\begin{aligned}\frac{\partial}{\partial n_i}\sum_i\sum_j n_i n_j b_{ij} &= n_1 b_{1i} + n_2 b_{2i} + ... + 2n_i b_{ii}(= n_i b_{ii} + n_i b_{ii}) + ... \\ &+ n_1 b_{i1} + n_2 b_{i2} + ... \\ &= \sum_l n_l b_{li} + \sum_l n_l b_{il}\end{aligned} \tag{2.13.22}$$

그런데, $b_{il} = b_{li}$라 놓을 수 있다. 또한 위의 식 (2.13.20)은 다음의 식 (2.13.23)와 같이 단순화시킬 수 있다.

$$\frac{\partial(nb)}{\partial n_i} = -b + 2\overline{b_i} \tag{2.13.23}$$

여기에서 $\overline{b_i} = \sum_l x_l b_{li}$이다. 또한 a에 대해서도 마찬가지 방법을 적용시켜 보면 아래의 식 (2.13.24)에서 식 (2.13.26)을 얻는다.

$$a = \sum_i x_i x_j a_{ij} = \frac{1}{n^2}\sum_i n_i n_j a_{ij} \tag{2.13.24}$$

$$n^2 a = \sum_i n_i n_j a_{ij} \tag{2.13.25}$$

$$\begin{aligned}\sum_i\sum_j n_i n_j a_{ij} &= n_1 n_1 a_{11} + n_1 n_2 a_{12} + ... + n_1 n_i a_{1i} + ... \\ &+ n_2 n_1 a_{21} + n_2 n_2 a_{22} + ... + n_2 n_i a_{1i} + ... \\ &+ ...... \\ &+ n_i n_1 a_{i1} + n_i n_2 a_{i2} + ... + n_i n_i a_{ii} + ...\end{aligned} \tag{2.13.26}$$

위의 식 (2.13.26)을 미분하면 다음의 식 (2.13.27)을 얻는다.

$$\begin{aligned}\frac{\partial(n^2 a)}{\partial n_i} &= \frac{\partial(n_1 n_i a_{1i})}{\partial n_i} + \frac{\partial(n_2 n_i a_{2i})}{\partial n_i} + ... + \frac{\partial(n_i n_i a_{ii})}{\partial n_i} + \\ &+ \frac{\partial(n_i n_1 a_{i1})}{\partial n_i} + \frac{\partial(n_i n_2 a_{i2})}{\partial n_i} + ...\end{aligned} \tag{2.13.27}$$

위의 식 (2.13.27)을 다시 정리하면 다음의 식 (2.13.28)를 얻는다.

$$\begin{aligned}\frac{\partial(n^2 a)}{\partial n_i} &= n_1 a_{1i} + n_2 a_{2i} + ... + 2n_i a_{ii} (= n_i a_{ii} + n_i a_{ii}) \\ &= n_1 a_{i1} + n_2 a_{2i} + ...\end{aligned} \tag{2.13.28}$$

위의 식 (2.13.28)은 다음의 식 (2.13.29)과 같이 일반화할 수 있다.

$$\frac{\partial(n^2 a)}{\partial n_i} = \sum_{l=1}^{N} n_l a_{li} + \sum_{l=1}^{N} n_l a_{il} \tag{2.13.29}$$

여기에서 $a_{il} = a_{li}$이다. 그러면 위의 식 (2.13.29)은 다음의 식 (2.13.30)과 같이 된다.

$$\frac{\partial(n^2 a)}{\partial n_i} = 2\sum_{l=1}^{N} n_l a_{il} = 2n\sum_{l=1}^{N} x_l a_{il} = 2n\overline{a_i} \tag{2.13.30}$$

위의 식 (2.13.30)에서 $\overline{a_i} = \sum_{l=1}^{N} x_l a_{il}$로 정의한다. 앞에서 유도한 식을 식 (2.13.7)에 적용하면 다음의 식 (2.13.31)를 얻는다.

$$\begin{aligned}\frac{\partial(nZ)}{\partial n_i} - 1 &= \frac{nbV + nV\frac{\partial(nb)}{\partial n_i} - (nb)^2}{(V-nb)^2} \\ &- \frac{\frac{V}{RT}\frac{\partial(n^2 a)}{\partial n_i}}{V^2 + 2nbV - (nb)^2} + \frac{\frac{V}{RT} n^2 a\left[2V\frac{\partial(nb)}{\partial n_i} - 2nb\frac{\partial(nb)}{\partial n_i}\right]}{[V^2 + 2nbV - (nb)^2]^2}\end{aligned} \tag{2.13.31}$$

위의 식 (2.13.31)에 식 (2.13.14)과 식 (2.13.30)을 대입해서 정리하면 다음의 식 (2.13.32)을 얻는다.

$$\frac{\partial(nZ)}{\partial n_i}-1=\frac{2n\overline{b}_i V-(nb)^2}{(V-nb)^2}-\frac{2n\overline{a}_i V/RT}{V^2+2nbV-(nb)^2}$$
$$+\frac{\frac{2n^2aV}{RT}\left[2\overline{b}_i V-bV-2n\overline{b}_i b+nb^2\right]}{\left[V^2+2nbV-(nb)^2\right]^2} \tag{2.13.32}$$

원식 (2.13.1)에서 $\left[\frac{\partial(nZ)}{\partial n_i}-1\right]\frac{1}{V}$을 구하기 위해 식 (2.13.32)의 양변에 $\frac{1}{V}$를 곱하면 다음의 식 (2.13.33)를 얻는다.

$$\left[\frac{\partial(nZ)}{\partial n_i}-1\right]\frac{1}{V}=\frac{2n\overline{b}_i}{(V-nb)^2}-\frac{(nb)^2}{V(V-nb)^2}+\frac{2na_i/RT}{V^2+2nbV-(nb)^2}$$
$$+\frac{\frac{2n^2a}{RT}\left(2\overline{b}_i-b\right)V}{\left[V^2+2nbV-(nb)^2\right]^2}-\frac{\frac{(2n^2a)(nb)}{RT}\left(2\overline{b}_i-b\right)}{\left[V^2+2nbV-(nb)^2\right]^2} \tag{2.13.33}$$

적분 테이블로부터 다음의 식 (2.13.34)에서 식 (2.13.37)을 얻는다.

$$\int\frac{dx}{x(a+bx)^2}=\frac{1}{a(a+bx)}-\frac{1}{a^2}ln\frac{a+bx}{x} \tag{2.13.34}$$

$$\int\frac{dx}{a+bx+cx^2}=\frac{1}{\sqrt{b^2-4ac}}ln\frac{b+2cx-\sqrt{b^2-4ac}}{b+2cx+\sqrt{b^2-4ac}} \tag{2.13.35}$$

$$\int\frac{dx}{(a+bx+cx^2)^2}=\frac{b+2cx}{(4ac-b^2)(a+bx+cx^2)}+\frac{2c}{4ac-b^2}\int\frac{dx}{a+bx+cx^2} \tag{2.13.36}$$

$$\int\frac{xdx}{(a+bx+cx^2)^2}=-\frac{2a+bx}{(4ac-b^2)(a+bx+cx^2)}-\frac{b}{4ac-b^2}\int\frac{dx}{a+bx+cx^2} \tag{2.13.37}$$

$\int_\infty^V\left[\frac{\partial(nZ)}{\partial n_i}-1\right]\frac{dV}{V}$를 구하기 위해서 식 (2.12.24)의 우변을 각 항마다 적분해 보면 아래의 식 (2.13.38)에서 식 (2.13.40)을 얻는다.

$$\int_\infty^V\frac{2n\overline{b}_i}{(V-nb)^2}dV=-\frac{2n\overline{b}_i}{V-nb}\Bigg|_\infty^V=-\frac{2n\overline{b}_i}{V-nb}=-\frac{2\overline{b}_i}{v-b} \tag{2.13.38}$$

$$\int_{\infty}^{V} \frac{(nb)^2}{V(V-nb)^2} dV = \frac{(nb)^2}{(-nb)(V-nb)} - \frac{(nb)^2}{(-nb)^2} ln \frac{V-nb}{V} \Bigg|_{\infty}^{V}$$
$$= -\frac{nb}{V-nb} - \ln \frac{nb}{V-nb} = -\frac{b}{v-b} - \ln \frac{v-b}{v} \tag{2.13.39}$$

$$\int_{\infty}^{V} \frac{2n\overline{a_i}/RT}{[V^2+2nbV-(nb)^2]} dV = \frac{2n\overline{a_i}/RT}{2\sqrt{2}nb} \times \ln \frac{2nb+2V-2\sqrt{2}nb}{2nb+2V+2\sqrt{2}nb} \Bigg|_{\infty}^{V}$$
$$= \frac{\overline{a_i}/RT}{\sqrt{2}b} \times \ln \frac{b+v-\sqrt{2}b}{b+v+\sqrt{2}b} \tag{2.13.40}$$

그런데 여기에서 식 (2.13.35)의 $b^2 - 4ac$를 계산해 보면 다음과 같다.

$b^2 - 4ac = (2nb)^2 - 4(-nb)^2 = 8(nb)^2$ 그러므로, $\sqrt{b^2 - 4ac} = \sqrt{8(nb)^2} = 2\sqrt{2}nb$가 성립한다. 그래서 위의 식 (2.13.40)은 다음의 식 (2.13.41)와 같아진다.

$$\int_{\infty}^{V} \frac{\frac{2n^2a}{RT}(2b_i - b)V}{[V^2+2nbV-(nb)^2]^2} dV$$
$$= \frac{2n^2a}{RT}(2b_i - b)\left[-\frac{-2(nb)^2+2nbV}{[-8(nb)^2][V^2+2nbV-(nb)^2]}\right.$$
$$\left. - \frac{2nb}{-8(nb)^2} \cdot \frac{1}{2\sqrt{2}nb} \cdot \ln \frac{2nb+2V-2\sqrt{2}nb}{2nb+2V+2\sqrt{2}nb}\right] \tag{2.13.41}$$

위의 식 (2.13.41)를 정리하면 다음의 식 (2.13.42)을 얻는다.

$$\int_{\infty}^{V} \frac{\frac{2n^2a}{RT}(2b_i - b)V}{[V^2+2nbV-(nb)^2]^2} dV$$
$$= \frac{a}{RT}(2b_i - b) \cdot \frac{b-v}{2b(v^2+2bv-b^2)} - \frac{a}{RT} \cdot (2\overline{b_i} - b)\frac{1}{4\sqrt{2}b^2} \cdot \ln \frac{2b+2v-2\sqrt{2}b}{2b+2v+2\sqrt{2}b} \tag{2.13.42}$$

위의 식 (2.13.42)을 더욱 정리하면 아래의 식 (2.13.43)를 얻는다.

$$\int_{\infty}^{V}\frac{\frac{1}{RT}n^2a(2nb_i-b)}{[V^2+2nbV-(nb)^2]^2}dV$$
$$=\frac{(2n^2a)(nb)}{RT}(2nb_i-b)\cdot\left[\frac{2nb+2V}{[-8(nb)^2][V^2+2nbV-(nb)^2]}\right]$$
$$+\frac{2}{-8(nb)^2}\cdot\frac{1}{2\sqrt{2}b}\cdot\ln\frac{2nb+2V-2\sqrt{2}nb}{2nb+2V+2\sqrt{2}nb} \quad (2.13.43)$$

위의 식 (2.13.43)를 정리하면 다음의 식 (2.13.44)를 얻는다.

$$\int_{\infty}^{V}\frac{\frac{1}{RT}n^2a(2nb_i-b)}{[V^2+2nbV-(nb)^2]^2}dV$$
$$=-\frac{a}{RT}(2nb_i-b)\cdot\frac{b+v}{2b(v^2+2bv-b^2)}+\frac{a}{RT}\cdot\frac{1}{4\sqrt{2}b^2}\cdot\ln\frac{b+v-\sqrt{2}b}{b+v+\sqrt{2}b} \quad (2.13.44)$$

앞서 유도한 식 (2.13.38)에서 식 (2.13.40)과 식 (2.13.43)과 식 (2.13.44)를 원식에 대입하면 다음의 식 (2.13.45)을 얻는다.

$$\ln\hat{\phi_i}=-\ln Z+\frac{2\overline{b_i}}{v-b}-\frac{b}{v-b}-\ln\frac{v-b}{v}+\frac{\overline{a_i}/RT}{\sqrt{2}b}ln\frac{b+v-\sqrt{2}b}{b+v+\sqrt{2}b}$$
$$+\frac{a}{RT}(2b_i-b)\frac{b-v}{2b(v^2+2bv-b^2)}$$
$$-\frac{a}{RT}(2\overline{b_i}-b)\frac{1}{4\sqrt{2}b^2}ln\frac{b+v-\sqrt{2}b}{b+v+\sqrt{2}b} \quad (2.13.45)$$
$$-\frac{a}{RT}(2b_i-b)\frac{b+v}{2b(v^2+2bv-b^2)}-\frac{a}{RT}(2\overline{b_i}-b)\frac{1}{4\sqrt{2}b^2}ln\frac{b+v-\sqrt{2}b}{b+v+\sqrt{2}b}$$

위의 식 (2.13.45)을 다시 정리해서 쓰면 다음의 식 (2.13.46)과 같다.

$$\ln\hat{\phi_i}=-\ln Z-\ln\frac{v-b}{v}+\frac{2\overline{b_i}-b}{v-b}+\frac{\overline{a_i}/RT}{\sqrt{2}b}\cdot\ln\frac{b+v-\sqrt{2}b}{b+v+\sqrt{2}b}$$
$$+\frac{a}{bRT}\left[\frac{\overline{a_i}}{\sqrt{2}b}-\frac{2\overline{b_i}-b}{2\sqrt{2}b}\right]\ln\frac{v+(1-\sqrt{2})b}{v+(1+\sqrt{2}b} \quad (2.13.46)$$
$$+\frac{2\overline{b_i}-b}{b}\frac{-av/RT}{v^2+2bv-b^2}$$

위의 식 (2.13.46)에서 식의 일부분은 다음의 식 (2.13.47)과 식 (2.13.48)와 같이 요약될 수 있다.

$$\frac{2\overline{b_i}-b}{v-b}+\frac{2\overline{b_i}-b}{b}\frac{-av/RT}{v^2+2bv-b^2}$$
$$=\frac{2\overline{b_i}-b}{b}\left(\frac{b}{v-b}-\frac{av/RT}{v^2+2bv-b^2}\right)=\frac{2\overline{b_i}-b}{b}(Z-1) \tag{2.13.47}$$

$$-\ln Z-\ln\frac{v-b}{v}=-\ln\frac{Pv}{RT}-\ln\frac{v-b}{v}=-\ln\frac{P(v-b)}{RT} \tag{2.13.48}$$

정리하면 다음의 식 (2.13.49)을 얻는다.

$$\ln\hat{\phi_i}=\frac{2\overline{b_i}-b}{b}(Z-1)-\ln\frac{P(v-b)}{RT}+\frac{a}{2\sqrt{2}\,bRT}\left[\frac{2\overline{a_i}}{a}-\frac{2\overline{b_i}-b}{b}\right]\ln\frac{v+(1-\sqrt{2})b}{v+(1+\sqrt{2})b} \tag{2.13.49}$$

여기에서, $\overline{a_i}=\sum_l x_l a_{li}$, $\overline{b_i}=\sum_l x_l b_{li}$이다.

그런데, $b=\sum_i x_i b_i=\frac{1}{n}\sum_i n_i b_i$인 경우에는 $\frac{\partial(nb)}{\partial n_i}=b_i$가 된다. 따라서, 식 (2.13.48)에서 $2\overline{b_i}-b$대신에 b_i를 써야 하므로 최종적으로 다음의 식 (2.13.50)과 같이 표현된다.

$$\ln\hat{\phi_i}=\frac{b_i}{b}(Z-1)-\ln\frac{P(v-b)}{RT}+\frac{a}{2\sqrt{2}\,bRT}\left(\frac{2\overline{a_i}}{a}-\frac{b_i}{b}\right)\ln\frac{v+(1-\sqrt{2})b}{v+(1+\sqrt{2})b} \tag{2.13.50}$$

2.14 BWRS 모델식에 대한 소개

BWR (Benedict–Webb–Rubin) 상태방정식 모델식은 Manson Benedic, G. B. Webb 및 L. C. Rubin의 이름을 따서 만든 모델식이다. 실험 데이터의 회귀분석을 통해서 결정한 8개의 매개변수를 가지는 BWR 모델식은 아래의 식 (2.14.1)과 같이 주어진다.

$$P=\rho RT+\left(B_0RT-A_0-\frac{C_0}{T^2}\right)\rho^2+(bRT-a)\rho^3+\alpha a\rho^6+\frac{c\rho^3}{T^2}(1+\gamma\rho^2)\exp(-\gamma\rho^2) \tag{2.14.1}$$

여기에서 ρ는 몰 밀도이다. Oklahoma 대학의 Kenneth E. Starling 교수는 BWR 상태방정식을 변형하여 아래의 식 (2.14.2)와 같은 11개의 매개변수를 가지는 상태방정식을 제안하였다.

$$P=\rho RT+\left(B_0RT-A_0-\frac{C_0}{T^2}+\frac{D_0}{T^3}-\frac{E_0}{T^4}\right)\rho^2+\left(bRT-a-\frac{d}{T}\right)\rho^3+\alpha\left(a+\frac{d}{T}\right)\rho^6+\frac{c\rho^3}{T^2}(1+\gamma\rho^2)\exp(-\gamma\rho^2) \tag{2.14.2}$$

여기에서 ρ는 역시 몰 밀도이며, 11개의 매개변수에 대해서는 아래의 식 (2.14.3)부터 식 (2.14.14) 사이에 나타내었다.

$$A_0 = \sum_i \sum_j x_i x_j A_{0i}^{1/2} A_{0j}^{1/2} (1 - k_{ij}) \tag{2.14.3}$$

$$B_0 = \sum_i x_i B_{0i} \tag{2.14.4}$$

$$C_0 = \sum_i \sum_j x_i x_j C_{0i}^{1/2} C_{0j}^{1/2} (1 - k_{ij})^3 \tag{2.14.5}$$

$$D_0 = \sum_i \sum_j x_i x_j D_{0i}^{1/2} D_{0j}^{1/2} (1 - k_{ij})^4 \tag{2.14.6}$$

$$E_0 = \sum_i \sum_j x_i x_j E_{0i}^{1/2} E_{0j}^{1/2} (1 - k_{ij})^5 \tag{2.14.7}$$

$$\alpha = \left[\sum_i x_i \alpha_i^{1/3} \right]^3 \tag{2.14.8}$$

$$\gamma = \left[\sum_i x_i \gamma_i^{1/2} \right]^2 \tag{2.14.9}$$

$$a = \left[\sum_i x_i a_i^{1/3} \right]^3 \tag{2.14.10}$$

$$b = \left[\sum_i x_i b_i^{1/3} \right]^3 \tag{2.14.11}$$

$$c = \left[\sum_i x_i c_i^{1/3} \right]^3 \tag{2.14.12}$$

$$d = \left[\sum_i x_i d_i^{1/3} \right]^3 \tag{2.14.13}$$

2.15 GERG-2008 모델식에 대한 소개

GERG-2008 모델식에 들어 있는 GERG는 불어의 약자인데 영어로 바꾸어 쓰면 Th European Ressearch Group이다. 아래의 식 (2.15.1)에서 식 (2.15.3)에는 Helmholtz 자유

에너지의 잔류성질을 이상기체와 Peng-Robinson 상태방정식 및 GERG-2008 모델식에 대해서 나타내었다. 아래의 식 (2.15.3)을 보면 알 수 있지만 식의 복잡함으로 인해서 전산모사에 필요한 시간이 상당히 걸린다는 단점이 있다.

$$\frac{a^{res}}{RT}=0 \tag{2.15.1}$$

$$\frac{a^{res}}{RT}=\ln\left(\frac{1}{1-b\rho}\right)-\frac{a}{2\sqrt{2}RT}ln\left[\frac{1+(\sqrt{2}+1)b\rho}{1-(\sqrt{2}-1)b\rho}\right] \tag{2.15.2}$$

$$\begin{aligned} a^{res} &= \sum_{k=1}^{4}\sum_{l=0}^{16} n_{kl}\delta^k\tau^{1/8} \\ &+\exp(-\delta)\sum_{k=1}^{4}\sum_{l=0}^{16} n_{kl}\delta^k\tau^{l/8}+\exp(-\delta^2)\sum_{k=1}^{4}\sum_{l=0}^{16} n_{kl}\delta^k\tau^{l/4} \\ &+\exp(-\delta^3)\sum_{k=1}^{5}\sum_{l=0}^{36} n_{kl}\delta^k\tau^{l/2}+\exp(-\delta^4)\sum_{k=4}^{5}\sum_{l=0}^{16} n_{kl}\delta^k\tau^{l} \\ &+\exp(-\delta^5)\sum_{k=1}^{2}\sum_{l=2}^{10} n_{kl}\delta^{2k-1}\tau^{2l}+\exp(-\delta^6)\sum_{k=4}^{8}\sum_{l=8}^{18} n_{kl}\delta^k\tau^{2l} \end{aligned} \tag{2.15.3}$$

아래의 [표 2.15.1]에는 GERG-2008 모델식을 적용할 수 있는 순수성분들을 정리하였다.

[표 2.15.1] GERG-2008 모델식을 적용할 수 있는 순수성분 리스트

	Component	
Methane	n-Butane	Hydrogen
Nitrogen	Isobutane	Oxygen
Carbon dioxide	n-Pentane	Carbon monoxide
Ethane	Isopentane	Water
Propane	n-Hexane	Helium
	n-Heptane	Argon
	n-Octane	

GERG-2008 모델식은 식의 복잡함으로 인해서 전산모사에 필요한 시간이 오래 걸리기는 하지만 순수성분의 물성 계산이 정확하다고 알려져 있다. 하지만 위의 [표 2.15.1]에 의하면 GERG-2008 모델식을 적용할 수 있는 순수성분의 개수는 단지 18개일 뿐이다. 또한

Ethylene 성분이 포함되어 있지 않다. 이것은 뒤의 ?? 장의 프로판-에틸렌-메탄 3원 캐스케이드 냉동 사이클의 전산모사에 적용할 수 없다. 아래의 [그림 2.15.1]과 [그림 3.5.2]에는 이산화탄소 1 kmol/h의 유량으로 253.1K에서 313.15K까지 가열할 경우의 heat duty를 몇 가지 열역학 모델식을 사용해서 추산한 결과를 비교하여 도시하였다. 아래의 그림 2.15.2를 보면 다른 열역학 모델식에 비해서 GERG-2008 모델을 이용해서 추산한 heat duty가 가장 작은 것을 알 수 있다. 아래의 [그림 2.15.2]로는 식의 정확성은 알 수 없지만 추산한 값이 가장 작게 나오는 것은 식의 계산이 보수적이지 않다는 것을 의미한다고 할 수 있다.

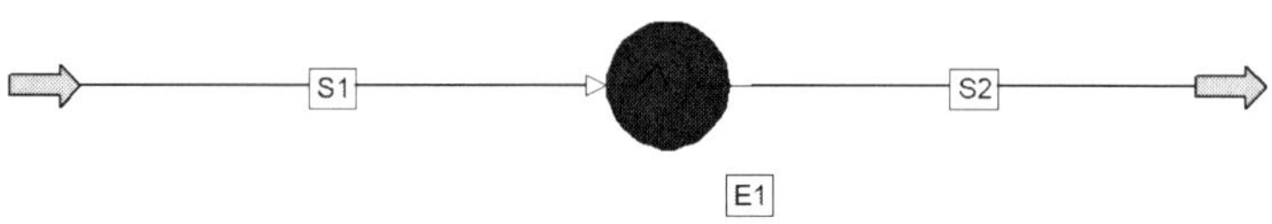

Stream Name		S1	S2
Temperature	K	253.150	313.150
Pressure	MPA	10.101	10.101
Flowrate	KG-MOL/HR	1.000	1.000

[그림 2.15.1] 이산화탄소 1 kmol/h의 유량으로 253.1K에서 313.15K까지 가열할 경우의 heat duty

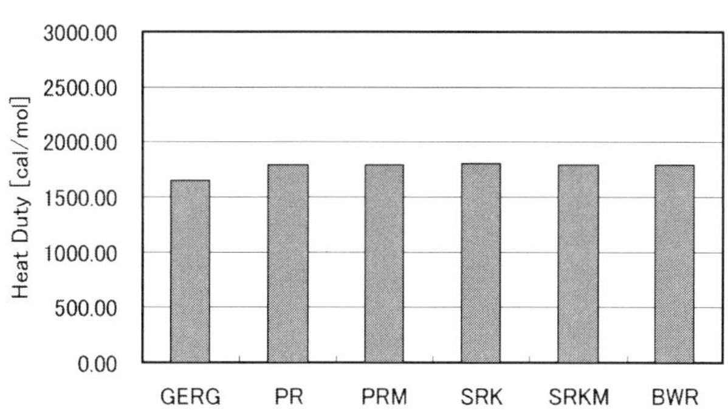

[그림 2.15.2] 몇 가지 열역학 모델식을 사용하여 이산화탄소 1 kmol/h의 유량으로 253.1K에서 313.15K까지 가열할 경우에 대한 heat duty 비교

아래의 [그림 2.15.3]을 보면 250K에서 에탄과 이산화탄소 이성분계의 압력-조성 증기-액 상평형 실험 데이터와 SRKM 모델식과 GERG-2008 모델식을 이용한 추산 결과를 서로 비교하였다. [그림 2.15.3]에 의하면 GERG-2008 모델식의 정확성은 SRKM 모델식보다 다소 떨어진다.

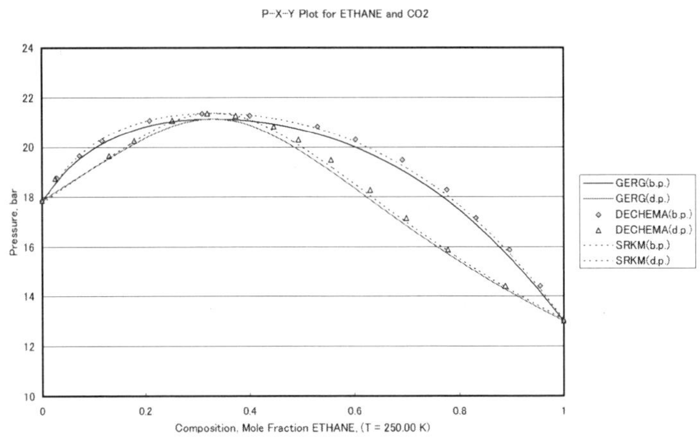

[그림 2.15.3] 250K에서 에탄과 이산화탄소 이성분계의 압력-조성 증기-액 상평형 실험 데이터와 SRKM 및 GERG-2008 모델식을 이용한 추산결과 사이의 비교

2.16 SAFT 모델식에 대한 소개

SAFT 상태방정식 모델식은 통계 열역학에 기반을 둔 모델식으로 Statistical Associating Fluid Theory의 약자이다. 통계 열역학에 기반을 둔 모델식은 Gibbs 자유에너지보다는 Helmholtz 자유에너지를 사용하는 것이 더 일반적이다. 따라서 Helmholtz 자유에너지에 대한 잔류성질은 다음의 식 (2.16.1)과 같이 쓸 수 있다.

$$a^{res}(T, V, N) = a(T, V, N) - a^{ideal}(T, V, N) \tag{2.16.1}$$

위의 식 (2.16.1)의 Helmholtz 에너지의 잔류성질은 각각 segment 항 및 chain 항과 association 항의 합으로 구성되어 있다고 가정하면 아래의 식 (2.16.2)와 같이 쓸 수 있다.

$$a^{res} = a^{seg} + a^{chain} + a^{assoc} \tag{2.16.2}$$

위의 식 (2.16.2)에서 segment 항은 다시 아래의 식 (2.16.3)과 같이 어떤 기본적인 segment 항이 m개가 있다고 가정한다.

$$a^{seg} = m a_0^{seg} \tag{2.16.3}$$

위의 식 (2.16.3)에서 a_0^{seg}는 hard sphere에 의한 기여 부분과 dispersion에 의한 기여 부분으로 나눌 수 있다고 가정하며 이는 아래의 식 (2.16.4)와 같아진다.

$$a_0^{seg} = a_0^{hs} + a_0^{disp} \tag{2.16.4}$$

위의 식 (2.16.4)에서 a_0^{hs}는 1969년에 Carnahan과 Starling이 아래의 식 (2.16.5)와 같이 표현하였다.

$$\frac{a^{hs}}{RT} = \frac{4\eta - 3\eta^2}{(1-\eta)^2} \tag{2.16.5}$$

또한 a_0^{disp} 항에 대해서는 1972년에 Alder 등과 1979년에 Chen과 Kregewski 등에 의해서 아래의 식 (2.16.6)과 같이 표현되었다.

$$\frac{a^{hs}}{RT} = \sum_i \sum_j D_{ij} \left(\frac{u}{kT} \right)^i \left(\frac{\eta}{\tau} \right)^j \tag{2.16.6}$$

그리고 a^{chain} 항에 대해서는 1990년에 Chapmann 등에 의해서 다음의 식 (2.16.7)과 같이 표현하였다.

$$\frac{a^{chain}}{RT} = (1-m)\ln \frac{1 - \frac{1}{2}\eta}{(1-\eta)^3} \tag{2.16.7}$$

한편 association 항에 대해서는 다음의 식 (2.16.8)에서 식 (2.16.10)과 같이 표현된다.

$$\frac{a^{assoc}}{RT} = \sum_A \left(\ln X^A - \frac{X^A}{2} \right) + \frac{1}{2} M \tag{2.16.8}$$

$$X^A = \frac{1}{1 + N_A \sum_B \rho X^B \Delta^{AB}} \tag{2.16.9}$$

$$\Delta^{AB} = g(d)^{seg} \left[\exp\left(\frac{\epsilon^{AB}}{kT} \right) - 1 \right] (\sigma^3 \kappa^{AB}) \tag{2.16.10}$$

그러면 위의 식 (2.16.2)는 아래의 식 (2.16.11)과 같이 다시 쓸 수 있다.

$$a^{res} = a^{hs} + a^{disp} + a^{chain} + a^{assoc} \tag{2.16.11}$$

1972년에 Mansouri에 의해서 hard sphere의 혼합물에 대한 Helmholtz 자유에너지 표현식은 아래의 식 (2.16.12)와 식 (2.16.13)과 같이 제안되었다.

$$\frac{a^{hs}}{RT} = \frac{6}{\pi\rho}\left[\frac{(\zeta_2)^3 + 3\zeta_1\zeta_2\zeta_3 - 3\zeta_1\zeta_2(\zeta_3)^2}{\zeta_3(1-\zeta_3)^2} - \left(\zeta_0 - \frac{(\zeta_2)^3}{(\zeta_3)^2}\right)\ln(1-\zeta_3)\right] \quad (2.16.12)$$

$$\zeta_k = \left(\frac{\pi N_A}{6}\right)\rho\sum_i X_i m_i (d_{ii})^k \quad (2.16.13)$$

한편 SAFT 모델식을 이용한 상평형 계산을 위해서는 혼합물 중의 성분 'i' 에 대한 퓨개시티 계수 표현식과 압축인자에 대한 표현식이 필수적인데 이는 다음의 식 (2.16.14)에서 식 (2.16.16) 사이에 나타내었다.

$$\ln\hat{\phi}_i = \frac{\mu_k^{res}(T,v)}{kT} - \ln Z \quad (2.16.14)$$

$$\ln\hat{\phi}_i = \left[\frac{\partial(na^{res}/RT)}{\partial n_i}\right]_{T,V,n_{j\neq i}} - \ln Z \quad (2.16.15)$$

$$Z = 1 - v\left[\frac{\partial(a^{res}/RT)}{\partial v}\right]_{T,n} \quad (2.16.16)$$

SRK나 PR 상태방정식의 순수성분 매개변수는 임계온도, 임계압력 및 이심인자이다. 그런데 SAFT 모델식의 순수성분 매개변수는 hard sphere diameter, hard sphere interaction energy 및 chain length의 3개이다. 이러한 3개의 매개변수는 순수성분의 온도에 따른 증기압과 액상밀도 실험 데이터를 회귀분석을 통해서 결정한다.

아래의 [그림 2.16.1]에는 메탄, 에탄 및 프로판 성분에 대한 증기-액 공존 곡선을 나타내었다. [그림 2.16.1]에 의하면 밀도가 낮은 증기상 영역 뿐만 아니라 밀도가 높은 액상 영역에서도 실험 데이터를 잘 추산하는 것을 알 수 있다.

또한 아래의 [그림 2.16.2]에는 메탄, 에탄, 프로판, 노말 부탄 및 노말 옥탄 성분에 대해서 온도에 따른 순수성분의 증기압 실험 데이터와 SAFT 모델식을 이용한 추산결과를 비교하였다.

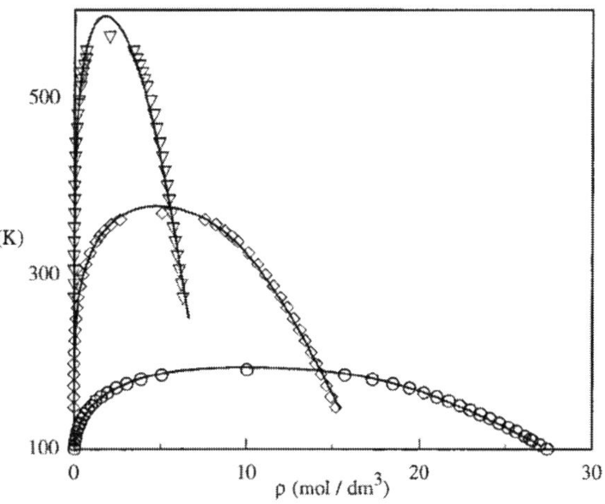

[그림 2.16.1] 메탄, 에탄 및 프로판 성분에 대한 증기-액 공존 곡선과 SAFT 모델식을 이용한 추산

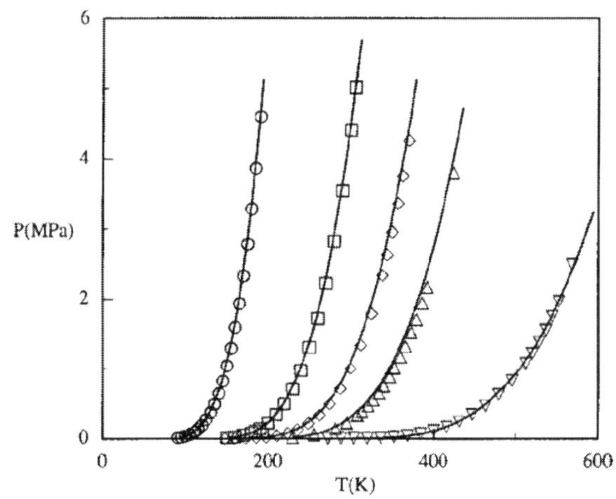

[그림 2.16.2] 메탄, 에탄, 프로판, 노말 부탄 및 노말 옥탄 성분에 대한 증기압 실험 데이터와 SAFT 모델식을 이용한 추산

[그림 2.16.2]에 의하면 모든 성분의 실험적인 증기압 데이터를 SAFT 모델식이 잘 추산하는 것을 알 수 있다. 지금까지는 증기-액 공존곡선과 증기압 데이터와 같은 순수성분의 물성을 추산하였고, 다음의 [그림 2.16.3]에는 메탄과 에탄에 대한 이성분계 압력-조성 증기-액 상평형 실험 데이터를 172.04K, 158.15K 및 144.26K에서 각각 나타내었으며 SAFT 모델식을

이용한 추산 결과와 비교하였다. 아래의 [그림 2.16.3]을 보면 SAFT 모델식은 실험 데이터를 비교적 잘 추산하는 것을 알 수 있다.

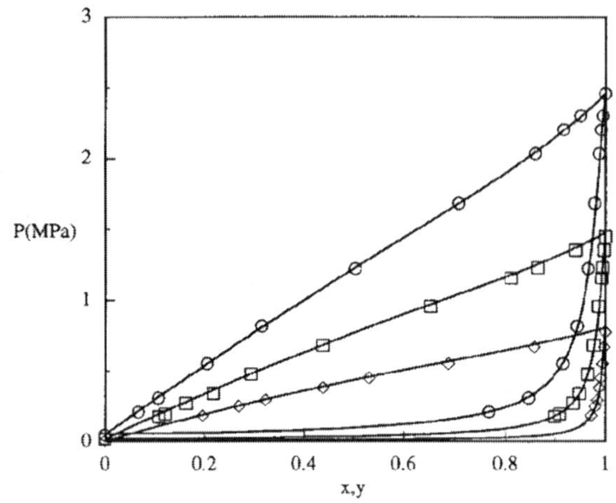

[그림 2.16.3] 메탄-에탄 이성분계에 대한 3개 온도에서 압력-조성 증기-액 상평형 실험 데이터와 SAFT 모델식을 이용한 추산

한편 아래의 [그림 2.16.4]에는 부탄과 메탄올에 대해서 3개 온도의 압력-조성 증기-액 상평형 실험 데이터를 SAFT 모델식과 온도에 의존하는 이성분계 상호작용 매개변수를 이용하여 추산하였다. 아래의 [그림 2.16.4]의 이성분계 증기-액 상평형 실험 데이터를 잘 추산하기 위한 이성분계 상호작용 매개변수는 아래의 식 (2.16.17)에 나타내었다.

$$k_{ij} = 0.0006\,T(^{o}C) - 0.0096 \qquad (2.16.17)$$

[그림 2.16.4]를 보면 SAFT 모델식은 탄화수소간의 증기-액 상평형 실험 데이터뿐만 아니라 부탄과 메탄올과 같이 쌍극자 모멘트 값의 차이가 커서 공비 혼합물을 형성하는 열역학적인 비이상성이 큰 이성분계의 증기-액 상평형도 매우 잘 추산하는 것을 알 수 있다. 하지만 아래의 [그림 2.16.5]와 [그림 2.16.6]을 보면 바로 알 수 있듯이 상평형 실험 데이터를 정확하게 추산할 수 있는지의 여부를 떠나서 SRK 상태방정식은 위에 나타낸 메탄, 에탄, 프로판, 노말 부탄, 노말 옥탄 및 메탄올 성분의 순수성분 매개변수인 임계온도, 임계압력 및 이심인자 값이 PRO/II 순수성분 물성 데이터베이스에 모두 내장되어 있는 반면에 SAFT 모델식의 순수성분 매개변수는 내장되어 있지 않다. 아직까지는 SAFT 모델식을 PRO/II 전산모사기에

서 사용하기 위해서는 사용자가 알아서 순수성분의 온도에 따른 증기압 및 액상 밀도 실험 데이터를 구해서 회귀분석을 통해서 순수성분 매개변수인 hard sphere diameter, hard sphere interaction energy 및 chain length를 결정해서 입력해야 한다.

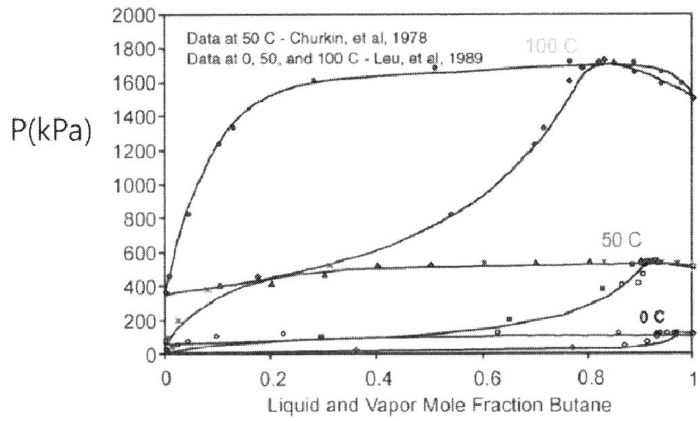

[그림 2.16.4] 부탄과 메탄올 이성분계에 대한 3개 온도에서 압력-조성 증깅-액 상평형 실험 데이터와 SAFT 모델식을 이용한 추산

	Critical Temperature	Critical Pressure	Acentric Factor
C1	190.56 K	4599.0 kPa	0.0115478
C2	305.32 K	4872.0 kPa	0.099493
C3	369.83 K	4248.0 kPa	0.152291
NC4	425.12 K	3796.0 kPa	0.200164
NC8	568.70 K	2490.0 kPa	0.399552
METHANOL	512.64 K	8097.0 kPa	0.563991

[그림 2.16.5] SRK 상태방정식의 순수성분 매개변수인 임계온도, 임계압력 및 이심인자

Component	Energy Parameter	Size Parameter	Chain Length
C1			
C2			
C3			
NC4			

[그림 2.16.6] SAFT 모델식의 순수성분 매개변수인 energy parameter, size parameter 및 chain length

2.17 PC-SAFT 모델식에 대한 소개

SAFT 상태방정식 모델식보다 좀 더 진보된 PC-SAFT 모델식 역시 통계 열역학에 기반을 둔 모델식으로 Perturbed Chain Statistical Associating Fluid Theory의 약자이다. 이 모델식 역시 통계 열역학에 기반을 둔 모델식은 Gibbs 자유에너지보다는 Helmholtz 자유에너지를 사용하는 것이 더 일반적이다. 따라서 Helmholtz 자유에너지에 대한 dispersion 항은 다음의 식 (2.17.1)에서 식 (2.17.3)과 같이 표현된다.

$$\frac{A^{disp}}{N_A kT} = \frac{A^1}{N_A kT} + \frac{A^2}{N_A kT} \tag{2.17.1}$$

$$\frac{A^1}{N_A kT} = -2\pi\rho I_1(\eta, \overline{m}) \sum_i \sum_j x_i x_j m_i m_j \left(\frac{\epsilon_{ij}}{kT}\right) \sigma_{ij}^3 \tag{2.17.2}$$

$$\frac{A^2}{N_A kT} = -\pi\rho\overline{m}\left(1 + Z^{hc} + \rho\frac{\partial Z^{hc}}{\partial\rho}\right)^{-1} I_2(\eta, \overline{m}) \sum_i \sum_j x_i x_j m_i m_j \left(\frac{\epsilon_{ij}}{kT}\right)^2 \sigma_{ij}^3 \tag{2.17.3}$$

아래의 [그림 2.17.1]을 보면 21°C에서 메탄과 부탄 이성분계에 대한 압력-조성 증기-액 상평형 실험 데이터와 이를 SAFT 모델식 및 PC-SAFT 모델식을 이용해서 추산한 결과를 서로 비교하였다.

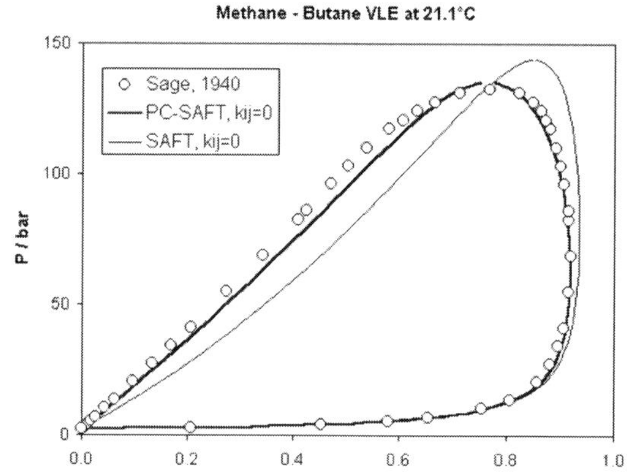

[그림 2.17.1] 21.1°C에서 메탄과 부탄 이성분계의 압력-조성 증기-액 상평형 실험 데이터 및 SAFT와 PC-SAFT 모델식을 이용한 추산 사이의 비교

위의 [그림 2.17.1]을 보면 SAFT와 PC-SAFT 모델식 모두 이성분계 상호작용 매개변수를 사용하지 않았다. 이 의미는 이성분계 증기-액 상평형 실험 데이터에 대한 회귀분석을 수행하지 않고 순수성분 매개변수만을 가지고 이성분계의 상평형을 추산한 것이다. [그림 2.17.1]에서 보면 SAFT 모델식 보다는 PC-SAFT 모델식이 21.2℃에서의 메탄과 부탄 압력-조성 증기-액 상평형 실험 데이터를 보다 잘 추산하는 것을 알 수 있다.

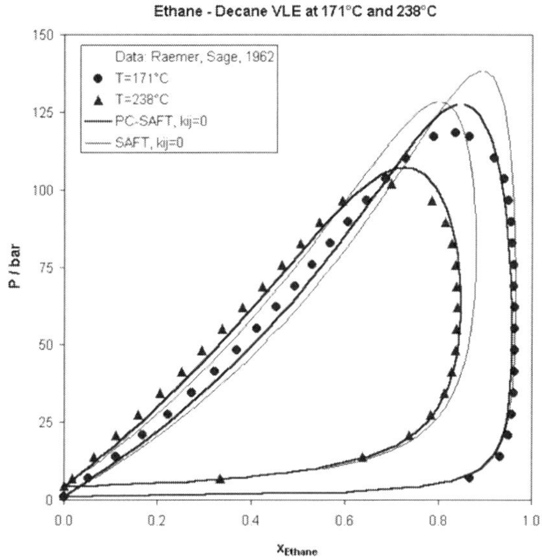

[그림 2.17.2] 171℃ 및 238℃에서 에탄과 데칸 이성분계의 압력-조성 증기-액 상평형 실험 데이터 및 SAFT와 PC-SAFT 모델식을 이용한 추산 사이의 비교

위의 [그림 2.17.2]를 보면 171℃ 및 238℃에서 에탄과 데칸 이성분계에 대한 압력-조성 증기-액 상평형 실험 데이터와 이를 SAFT 모델식 및 PC-SAFT 모델식을 이용해서 추산한 결과를 서로 비교하였다. SAFT와 PC-SAFT 모델식 모두 이성분계 상호작용 매개변수를 사용하지 않았다. 이 의미는 이성분계 증기-액 상평형 실험 데이터에 대한 회귀분석을 수행하지 않고 순수성분 매개변수만을 가지고 이성분계의 상평형을 추산한 것이다. [그림 2.17.2]에서 보면 SAFT 모델식 보다는 PC-SAFT 모델식이 171℃ 및 238℃에서 에탄과 데칸 이성분계에 대한 압력-조성 증기-액 상평형 실험 데이터를 보다 잘 추산하는 것을 알 수 있다.

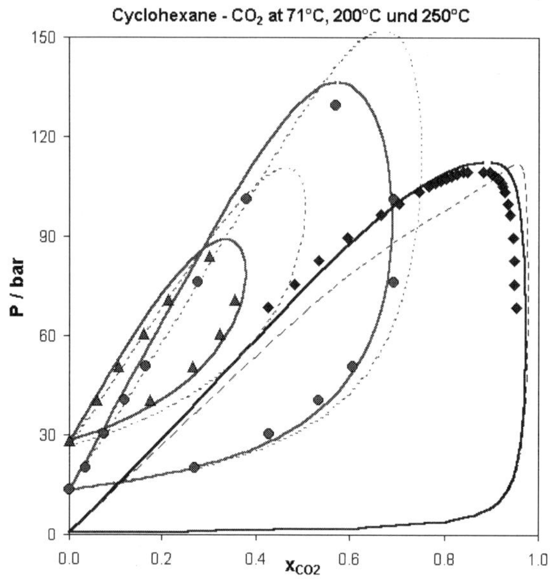

[그림 2.17.3] 71℃, 200℃ 및 250℃에서 이산화탄소와 사이클로헥산 이성분계의 압력-조성 증기-액 상평형 실험 데이터 및 SAFT와 PC-SAFT 모델식을 이용한 추산 사이의 비교

위의 [그림 2.17.3]을 보면 -71℃, 200℃ 및 250℃에서 이산화탄소와 사이클로헥산 이성분계에 대한 압력-조성 증기-액 상평형 실험 데이터와 이를 SAFT 모델식 및 PC-SAFT 모델식을 이용해서 추산한 결과를 서로 비교하였다. SAFT와 PC-SAFT 모델식 모두 이성분계 상호작용 매개변수를 사용하지 않았다. 이 의미는 이성분계 증기-액 상평형 실험 데이터에 대한 회귀분석을 수행하지 않고 순수성분 매개변수만을 가지고 이성분계의 상평형을 추산한 것이다. [그림 2.17.3]에서 보면 SAFT 모델식 보다는 PC-SAFT 모델식이 71℃, 200℃ 및 250℃에서 이산화탄소와 사이클로헥산 이성분계의 압력-조성 증기-액 상평형 실험 데이터를 보다 잘 추산하는 것을 알 수 있다.

다음의 [그림 2.17.4]를 보면 4.44℃ 및 238℃에서 이산화탄소와 노말 데칸 이성분계에 대한 압력-조성 증기-액 상평형 실험 데이터와 이를 SAFT 모델식 및 PC-SAFT 모델식을 이용해서 추산한 결과를 서로 비교하였다. SAFT와 PC-SAFT 모델식 모두 1개의 이성분계 상호작용 매개변수를 사용하였다. [그림 2.17.4]에서 보면 SAFT 모델식 보다는 PC-SAFT 모델식이 4.44℃ 및 238℃에서 이산화탄소와 노말 데칸 이성분계의 압력-조성 증기-액 상평형 실험 데이터를 보다 잘 추산하는 것을 알 수 있다.

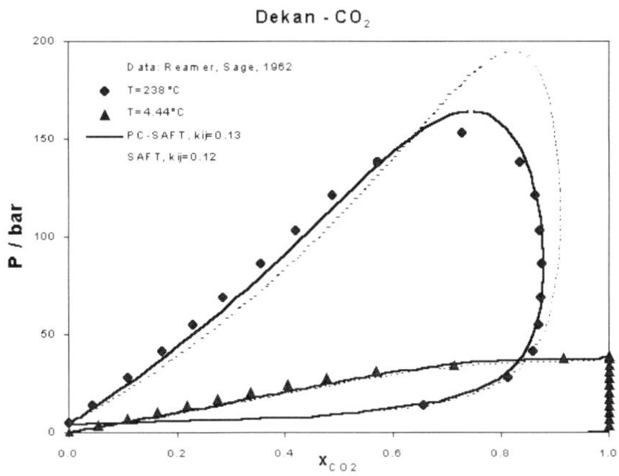

[그림 2.17.4] 4.44°C 및 238°C에서 이산화탄소와 노말 데칸 이성분계의 압력-조성 증기-액 상평형 실험 데이터 및 SAFT와 PC-SAFT 모델식을 이용한 추산 사이의 비교

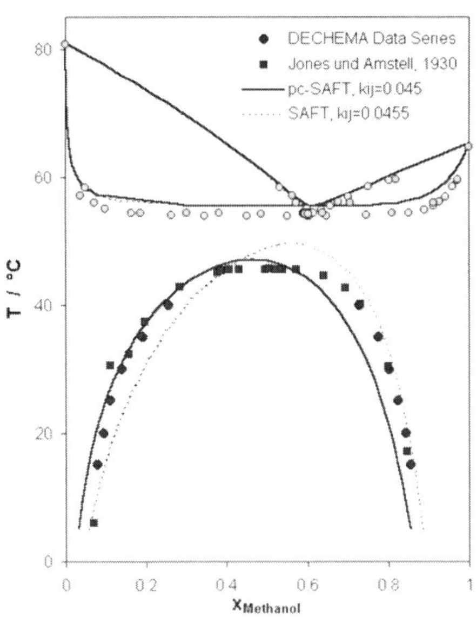

[그림 2.17.5] 1 atm에서 메탄올-사이클로헥산 이성분계의 증기-액 및 액-액 상평형 실험 데이터와 SAFT 모델식 및 PC-SAFT 모델식을 이용한 추산 및 비교

위의 [그림 2.17.5]를 보면 1 atm에서 메탄올과 사이클로헥산 이성분계에 대한 압력-조성 증기-액 및 액-액 상평형 실험 데이터와 이를 SAFT 모델식 및 PC-SAFT 모델식을 이용해

서 추산한 결과를 서로 비교하였다. SAFT와 PC-SAFT 모델식 모두 1개의 이성분계 상호작용 매개변수를 사용하였으며 증기-액 상평형 계산과 액-액 상평형 추산에 동일한 1개의 매개변수를 사용하였다. 액체 활동도계수 모델식인 NRTL 모델식을 사용한다면 증기-액 상평형 추산을 위한 이성분계 상호작용 매개변수와 액-액 상평형 추산을 위한 이성분계 상호작용 매개변수가 각각 다르다. 또한 NRTL 모델식의 이성분계 상호작용 매개변수의 숫자는 이성분계에 대해서 3개가 필요하다. 따라서 총 6개의 이성분계 상호작용 매개변수가 필요하지만 SAFT 모델식이나 PC-SAFT 모델식은 1개의 이성분계 상호작용 매개변수만을 가지고 증기-액 상평형과 액-액 상평형 추산이 가능하다. 하지만 [그림 2.17.5]에서 보면 SAFT 모델식보다는 PC-SAFT 모델식이 1 atm에서 메탄올-사이클로헥산 이성분계의 증기-액 및 액-액 상평형 실험 데이터를 보다 잘 추산하는 것을 알 수 있다.

냉매의 물성 추산을 위한 순수성분의 온도에 따른 증기압을 잘 추산하기 위해서 Twu의 새로운 Alpha 함수를 적용하고, 액상의 밀도 추산을 위해서 API 모델식이나 Rackett 모델식을 장착한 SRK와 PR 등과 같은 삼차형 상태방정식이나, 비삼차형 상태방정식 모델식으로 BWRS 모델식이나 GERG-2008 모델식 보다는 향후에는 통계열역학에 기반한 SAFT 모델식이나 PC-SAFT 모델식에 대한 사용빈도가 점진적으로 증가할 것으로 예상된다. 그 이유는 이러한 모델식은 통계 열역학에 기반하고 있기 때문에 보다 이론적이며, 분자모사 등을 통해서 점차적으로 성능이 개선되고 있다. 또한 필요한 제반 열역학적 물성인 밀도, 열물성 및 평형 물성을 이 모델식들을 이용해서 예측할 수 있기 때문이다.

상태방정식 모델 개발의 최종 목표는 이성분계 상호작용 매개변수가 필요 없는 모델의 개발일 것이다. 이렇게 되면 더 이상 이성분계 증기-액 상평형 실험을 필요로 하지 않는 시대가 올 수도 있다. 다만, 개발된 모델식에 대한 상평형 예측의 정확성에 대한 검증을 위해서 실험을 수행할 필요는 있을 것이다.

참고 문헌

[1] The vapour pressures of pure substances: selected values of the temperature dependence of the vapour pressures of some pure substances in the normal and low pressure region, second revised edition, Elsevier (1984)

제 3장 증기 재압축 냉동 사이클의 전산모사

이 장을 주의 깊게 학습한 독자들은 다음과 같은 사항들을 할 수 있게 될 것이다.

- 증기 재압축을 이용한 냉동 사이클의 구성: 압축, 응축, 팽창, 증발 사이클의 구성 원리
- 냉매선정 조건에 대한 이해
- 주어진 온도에서 냉매의 기포점 압력 계산의 의미
- 주어진 온도에서 냉매의 이슬점 압력 계산의 의미
- 순수성분 냉매의 혼합냉매의 차이
- 증기 재압축을 이용한 냉동 사이클의 구성 원리에 대한 학습
- 냉매 선정 조건에서 팽창밸브 후단의 압력이 상압보다 높아야 하는 이유 및 더 낮은 온도를 얻기 위한 냉매의 종류 소개
- 증발기의 heat duty의 계산 및 Heater에서 utility 기능을 활용한 프로판 냉매의 공급유량의 결정
- 압축기 후단 압력을 결정하기 위해서 2차 냉매로 냉각 가능한 온도에서 프로판의 기포점 압력과의 연관성 해석
- 팽창밸브 후단의 압력을 결정하기 위해서 냉매 공급온도 조건에서 프로판의 이슬점 압력과의 연관성 해석
- 증발기로 주입되는 냉매의 질량 유량의 산출
- 냉동 사이클을 순환하는 냉매의 총 순환유량의 결정방법
- 압축기의 효율이 주어졌을 때, 압축기 소요동력의 산출 및 압축기 후단의 냉매의 온도
- 응축기의 heat duty의 계산 및 냉각수 소모유량의 결정
- 전체 냉동 사이클에 대한 전산모사 결과와 스텝별 전산모사 결과 사이의 비교
- 혼합냉매를 이용한 냉동 사이클의 전산모사
- 다단 냉동 사이클에 대한 전산모사 기법

3.1 냉매가 갖추어야 할 조건

이 책의 1.6절과 1.7절에서 기술한 카르노 열기관의 효율은 기관의 작동유체와는 무관하며, 마찬가지로 카르노 냉동기의 성능계수 또한 냉매의 종류와는 무관하다. 하지만 증기 재압축 냉동 사이클에서는 내재하는 압축기의 비가역성으로 인하여 실제 냉동 사이클의 성능 계수는 냉매의 종류에 따라서 어느 정도 달라진다. 그럼에도 불구하고 독성, 가연성, 비용, 부식특성, 오존 파괴능, 온난화 지수 그리고 증기압과 같은 특성들은 냉매의 선정에 있어서 보다 중요한 의미를 갖는다. 나아가 환경에 대한 관심은 냉매로 사용을 고려할 수 있는 화합물들의 범위를 강하게 제한한다.

공기가 냉동 시스템 내부로 스며들지 않도록 하기 위해서 냉매 증발기 입구 또는 팽창 밸브 후단에서의 냉매의 증기압은 대기압보다 약간 높게 설계한다. 반면에 고압 장치인 압축기의 초기 투자비 또는 운전비용으로 인하여 냉매 응축기 후단 온도 조건에서 냉매의 증기압은 너무 높지 않아야 한다. 이러한 냉매에 대한 많은 요구조건으로 인하여 냉매의 선택은 불과 몇 가지 유체로 제한된다.

암모니아, 염화메틸, 이산화탄소, 프로판 및 프로필렌, 에탄, 에틸렌과 메탄 등과 같은 성분들이 여러 산업분야에서 냉매로 사용될 수 있다. 1930년대부터 할로겐화 탄화수소 냉매들이 널리 사용되기 시작하였다. 수십 년 동안 냉매로 가장 많이 이용된 할로겐화된 염화불화탄소(CFC)류들이다. 그러나 이들 안정한 분자들은 대기 중에서 여러 해 동안 존재하면서 성층권의 오존을 심각하게 고갈시키는 반응들에 의해 완전히 분해되기 전까지 성층권에 도달하여 체류하는 것으로 밝혀졌다. 그 결과 이들의 생산과 사용은 이제 완전히 폐기된 상태이다. 이제는 오존의 고갈을 상대적으로 줄여주는 어떤 불완전하게 활로겐화된 탄화수소(HCFC)류들과 오존의 고갈을 유발하지 않는 불화탄화수소(HFC)류들이 대체냉매로서 널리 적용되고 있다. 일차적인 예로서 1,1,1,2-사불화에탄(HFC-134a)을 예로 들 수 있다. 불행히도 이러한 냉매들은 CO_2 보다 수백 배에서 수천 배 정도의 지극히 높은 지구 온난화 잠재력을 지니고 있어서 많은 국가들에서는 이들의 사용이 금지되고 있다. 2,3,3,3-사불화프로판(FO-1234yf)과 같은 지구 온난화 잠재력이 보다 낮은 새로운 수화불화탄소 냉매들이 R134a와 같은 1세대 수화불화탄소 냉매들을 대체하기 시작하고 있다.

3.2 프로판 냉매를 이용한 냉동 사이클의 문제 설정

프로판은 훌륭한 냉매이며 대체로 -40°C 정도로 공급이 가능하다. 프로판 냉매를 이용해서 대용량 LPG 저장조에서 외부 공기와의 열교환에 의해서 증발하는 증발 가스(Boil Off Gas, BOG)를 재액화하기 위한 냉동 사이클에 대한 전산모사를 수행한다고 가정해 보자. 아래의 표 3.2.1을 보면 LPG로부터 증발하는 증발 가스는 프로판과 이소부탄 및 노말 부탄 성분이며 시간당 15,078 kg/h가 발생하는 것을 기준으로 삼았다. 발생하는 증발 가스는 1.2 bar의 압력과 25°C에서 발생하여 -40°C로 공급하는 프로판 냉매에 의해서 -30°C까지 냉각 및 응축시킨다.

[표 3.2.1] LPG 저장조에서 발생하는 증발가스의 조건

Component	Composition
Propane	7.80 mole%
Iso-butane	43.12 mole%
Normal butane	49.08 mole%
Flow rate	15,078 Kg/hr
In/Out temperature	25°C/-30°C
In/Out pressure	1.2bar/1.2bar
Refrigerant	Pure propane
Supply temperature	-40°C
Second refrigerant	Cooling water
In/Out temperature	32°C/40°C

3.3 증기 재압축 냉동 사이클의 전산모사 절차

[표 3.2.1]의 문제들을 스텝별로 해결해 나가기 위한 전산모사 절차를 아래의 [표 3.3.1]과 같이 정리하였다. 아래의 [표 3.3.1]에 의하면 총 9개의 스텝으로 나누었다. 증기 재압축 냉동 사이클에서 냉매 증발기의 heat duty를 결정하는 것이 가장 처음으로 수행해야 할 것임은 자명하다. 냉동기 설계에 있어서 냉매 증발기의 heat duty와 함께 중요한 또 다른 인자는 냉매의 공급 온도이다. 왜냐하면 이 두 가지 인자는 냉매 압축기의 소요 동력의 결정과 직결되기 때문이다.

[표 3.3.1] 증기 재압축을 이용한 냉동 사이클 전산모사 스텝별 순서

스텝	항 목
1	냉매 증발기의 heat duty의 결정
2	압축기 후단의 도출압력의 결정 및 별해
3	팽창밸브 후단의 압력 결정 및 별해
4	냉매 증발기로 주입되는 냉매 유량의 결정 및 별해
5	냉매 총 순환유량의 결정 및 별해
6	압축기의 효율이 주어졌을 때, 압축기 소요 동력의 결정 및 압축기 후단온도의 결정
7	냉매 응축기 heat duty의 결정 및 냉각수 소모 유량의 결정
8	전체냉동 사이클에 대한 전산모사
9	순수성분 냉매가 아닌 미량의 불순물이 함유된 경우의 냉동 사이클의 전산모사

증기 재압축 공정을 이용한 이상적인 냉동 사이클은 다음의 [그림 3.3.1]에 나타내었다.

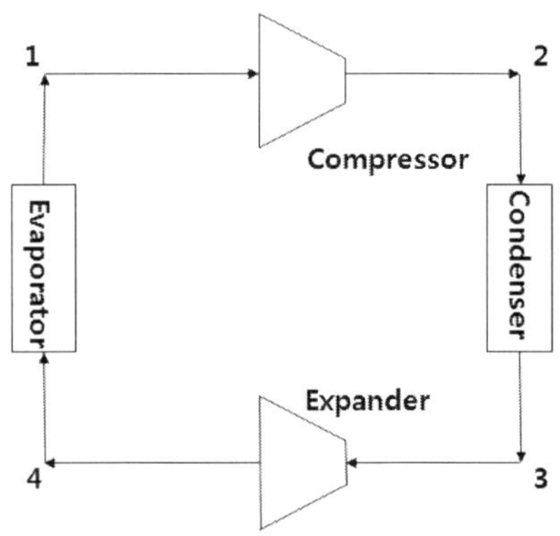

[그림 3.3.1] 이상적인 증기 재압축을 이용한 냉동 사이클의 개요도

상기 [그림 3.3.1]의 이상적인 냉동 사이클을 $T-S$선도 상에 표현하면 아래의 [그림 3.3.2]와 같아진다.

위의 [그림 3.3.1]에 의하면 냉매 기체는 스텝 1에서 압축기에 의해서 가역적으로 압축된다. 이 과정을 [그림 3.3.2]의 $T-S$선도 1 지점에서 2 지점으로 가역적으로 작동하기 때문에 엔트로피는 S_2로 일정(압축기 전단에서는 냉매는 기체상태이기 때문에 액체상태인 S_1보다 엔트로피 값이 크다.)하게 유지되며, 이 과정은 또한 기체를 압축시키는 과정이기 때문에 온도는 T_1에서 T_2로 상승하게 된다. 그 다음 단계는 냉매의 응축 과정이다. 이 과정에서 기체 상태의 냉매는 액체상태로 액화가 일어난다. 이 과정을 $T-S$선도 상에서 살펴보면 T_2로 온도가

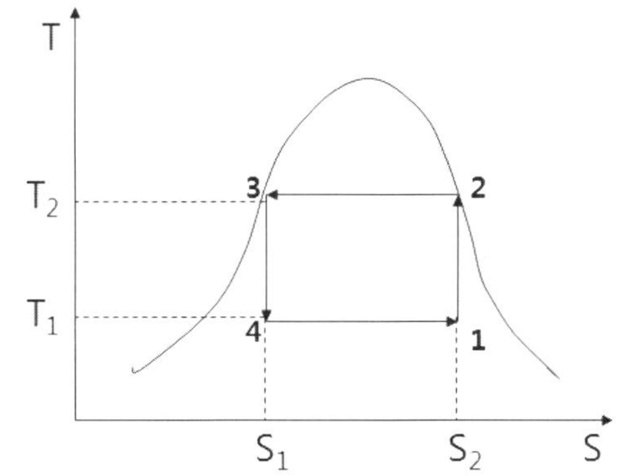

[그림 3.3.2] 이상적인 증기 재압축을 이용한 냉동 사이클에 대한 $T-S$선도

일정하게 유지된 상태에서 엔트로피 값은 응축으로 인하여 S_2에서 S_1으로 감소하게 된다. 여기에서 냉매가 응축됨에도 불구하고 온도가 T_2로 일정하게 유지되는 것은 냉매가 순수성분이기 때문이다. 그 다음 단계는 냉매의 팽창과정이다. 팽창과정에서는 외부에 일을 해 주기 때문에 냉매의 온도가 떨어지게 된다. 한편 이 과정은 $T-S$선도 상에서 살펴보면 팽창 터빈이 가역적으로 작동하기 때문에 엔트로피는 S_1으로 일정하게 유지되며, 냉매의 온도는 T_2에서 냉매의 원하는 온도인 T_2까지 떨어진다. 마지막 과정으로써 냉매는 증발기에서 증발이 일어난다. 순수성분 냉매의 증발과정은 잠열만을 얻어가는 과정이기 때문에 온도변화는 없이 T_1으로 일정하게 유지된다. 다만, 증발과정에서 액상류에서 기상류로 상변화가 일어나기 때문에 엔트로피만 S_1에서 S_2로 증가하게 된다.

하지만 실제적인 증기 재압축을 활용한 냉동 사이클은 상기의 [그림 3.3.1]과 [그림 3.3.2]에서와 같이 가역적으로 작동하지 않는다. 우선 압축 및 팽창과정에서 엔트로피가 변화한다. 또한 팽창과정은 터빈을 활용하는 것이 아니라 팽창밸브를 이용하기 때문에 등엔트로피 과정이라기보다는 등엔탈피 과정에 좀 더 가깝다. 그리고 팽창밸브 후단에서는 일반적으로 증기와 액상류의 2상계를 형성하게 되어 기액 분리기에서 기상류와 액상류를 분리한 후에 액상류만을 증발기로 주입하게 된다.

이번 장에서는 대형 LPG 저장조에서 외부와의 열교환에 의해서 증발하는 가스를 재액화하기 위한 프로판 냉매를 이용한 냉동 사이클의 전산모사 과정을 하나하나 살펴보기로 한다. [표 3.2.1]에는 대형 LPG 저장조에서 발생하는 가스의 조건과 냉매의 조건 및 2차 냉매의 공급 및 회수온도를 나타내었다. 위의 [표 3.3.1]을 이용해서 3.10절까지의 냉동 사이클의 전

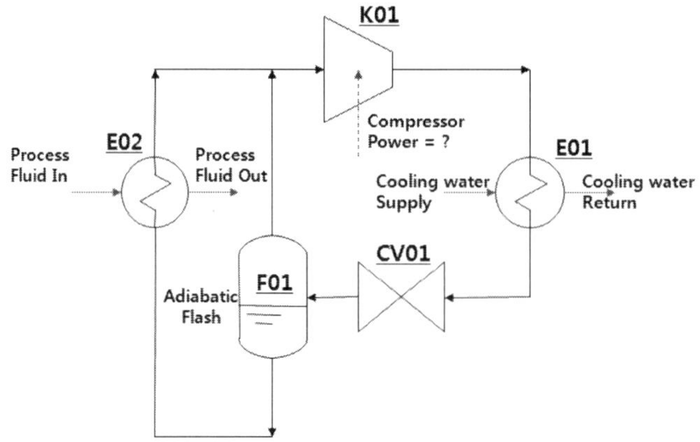

[그림 3.3.3] 실제적인 증기 재압축을 이용한 냉동 사이클의 개요도

산모사에 이용할 것이다. 그리고 3.11절에서는 프로판 냉매와 프로필렌 냉매 사이의 냉동 공정에 대한 전산모사 결과를 비교하고 3.12절에서는 프로판 냉매는 100% 순수한 성분이 아니고 미량의 에탄과 미량의 부탄 성분이 포함되어 있는데 실제적인 프로판 냉매의 조성을 이용해서 전체적인 냉동 사이클에 대한 전산모사를 수행하고 순수 성분 냉매로 간주하였을 때의 전산모사 결과와 비교작업을 수행하였다.

3.4 압축기 후단 압력의 추산

냉매를 선정하는 조건은 3.1절에서 설명한 바와 같이 여러 가지가 있을 수 있다. 우선 공정적인 측면에서 보면 프로세스의 온도를 얼마나 낮출 것인가에 따라서 냉매를 결정할 수 있다. 예를 들면 프로세스 스트림의 온도를 45°C까지만 낮추기를 원한다면 저온의 냉매를 사용할 필요가 없이 냉각수를 이용하면 된다. 실제로 화학공장에서 사용하고 있는 가장 흔한 냉매 중의 하나는 바로 냉각수이다. 냉각수의 공급온도는 통상적으로 가장 더운 여름날을 기준으로 해서 32°C로 공급하고, 40°C로 회수하는 것을 기준으로 해서 열교환기를 설계한다. 열교환기를 거친 40°C의 냉각수는 모두 냉각탑으로 주입되어진 후 다시 32°C로 냉각된 후에 열교환기로 재순환된다. 한편 물이 흔하지 않은 사막지역에서는 물 대신에 공랭식 냉각기를 사용한다. 공랭식 냉각기를 사용하는 예는 일상 생활속에서도 쉽게 찾아볼 수 있다. 이것은 바로 에어컨을 보면 쉽게 찾을 수 있다. 우리가 흔히 실외기라고 이야기하는 장치가 바로 공랭식 냉각이이다. 에어컨의 냉매기체는 압축기를 통해서 가압되어진 후에 외부 공기를 팬을 이용해서 강제로 순환시키면 응축이 일어난다. 일반적으로 냉각수에 의한 것보다 공기를 이용하면 냉각할 수 있는 온도는 조금 더 높다.

이 밖에 증기 재압축 냉동 사이클에 사용되는 냉매로는 프로판과 프로필렌을 대표적인 예로 들 수 있다. 일반적으로 프로판 냉매의 최저 공급온도는 −40℃정도이며, 프로필렌 냉매의 공급온도는 −45℃이다. 그 이유는 프로판과 프로필렌의 온도에 따른 증기압 곡선으로부터 추산할 수 있는데 변형된 Antoine 식은 다음의 식 (3.4.1)에 나타내었으며, 프로판과 프로필렌에 대한 변형된 Antoine 계수들은 [표 3.4.1]에 나타내었다.

$$\ln P_i^{vap}(T) = C_1 + \frac{C_2}{T} + C_3 \ln T + C_4 T^{C_5}, \quad T_{\min} < T < T_{\max} \tag{3.4.1}$$

[표 3.4.1] 프로판과 프로필렌 성분에 대한 변형된 Antoine 계수들

Components	Propane	Propylene
Temperature units	K	
Pressure units	Pa	
$C_{1,i}$	59.078	57.263
$C_{2,i}$	−3,492.6	−3,382.4
$C_{3,i}$	−6.0669	−5.7707
$C_{4,i}$	1.0919×10^{-5}	1.0431×10^{-5}
$C_{5,i}$	2.0000	2.0000
$T_{\min}$	85.47	87.89
$T_{\max}$	369.83	365.57

이제 상기의 식 (3.4.1)과 표 3.4.1을 이용해서 프로판과 프로필렌 냉매에 대한 온도에 따른 순수성분의 증기압을 그림 3.4.1과 그림 3.4.2에 각각 나타내었다. 먼저 그림 3.4.1을 보면 프로판 냉매의 온도가 45℃에서 팽창밸브 전단의 압력인 15.3605 bar에서 포화된 액상으로 존재하다가 팽창밸브 후단의 압력이 1.1093bar까지 떨어졌을 때, 냉매의 온도 −40℃를 얻게 됨을 알 수 있다. 그런데 만일 프로판 냉매를 이용해서 더욱 낮은 온도인 −45℃를 얻으려면 팽창밸브 후단의 압력은 0.8885bar까지 떨어져야 한다. 이 압력은 대기압인 1.01325bar보다 더 낮은 압력이다. 일반적으로 팽창밸브 후단의 압력은 대기압보다 약간 높게 유지시킨다. 만일 팽창밸브 후단의 압력이 대기압보다 낮게 유지되면 어떤 현상이 일어날 것인가? 증기 재

압축을 이용한 냉동 사이클은 회전기기류인 압축기가 설치되어 있으며 액상과 기상류 및 기액 혼상류인 냉매가 파이프라인을 통해서 순환된다. 이때 팽창밸브 후단의 압력을 대기압보다 낮게 유지할 경우 회전기기류의 진동에 의한 fitting류의 이음새에 틈이 생길 경우 외부 공기나 수분이 냉동 사이클의 파이프라인 안쪽으로 유입될 가능성이 있다. 공기의 경우 응축이 일어나지 않으며, 수분의 경우 얼어버리게 되어 파이프라인의 압력강하를 크게 하거나 심하면 파이프라인을 막아버릴 수 있다. 또한 수분과 함께 유입되는 이산화탄소는 수분에 용해되어 파이프라인의 부식을 초래할 수도 있다. 따라서 원하고자 하는 냉매의 공급온도를 얻기 위한 팽창밸브 후단의 압력이 대기압보다 높은 조건에서 냉매의 공급온도를 결정해야 한다.

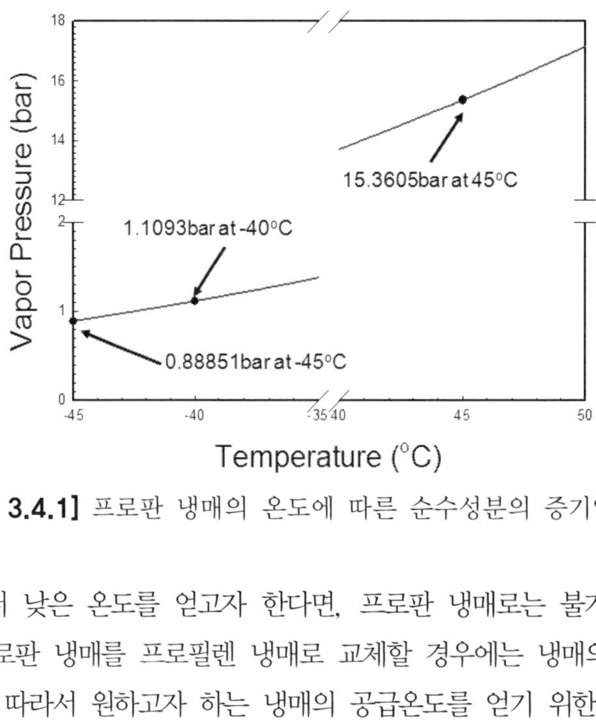

[그림 3.4.1] 프로판 냉매의 온도에 따른 순수성분의 증기압 곡선

만일 −40℃보다 더 낮은 온도를 얻고자 한다면, 프로판 냉매로는 불가능하고 다른 냉매로 바꾸어야 한다. 프로판 냉매를 프로필렌 냉매로 교체할 경우에는 냉매의 온도를 −45℃까지 떨어뜨릴 수 있다. 따라서 원하고자 하는 냉매의 공급온도를 얻기 위한 팽창밸브 후단의 압력이 대기압보다 높은 조건에서 냉매의 공급온도를 결정해야 한다. 왜냐하면 팽창밸브 전단의 냉매 응축기에서 프로필렌 냉매는 45℃ 조건하에서 18.5666bar 이상이 되면 액체상태가 되는데 팽창밸브 후단의 압력을 1.1451bar까지 떨어뜨리면 프로필렌 냉매의 온도는 −45℃까지 급격하게 떨어지게 된다.

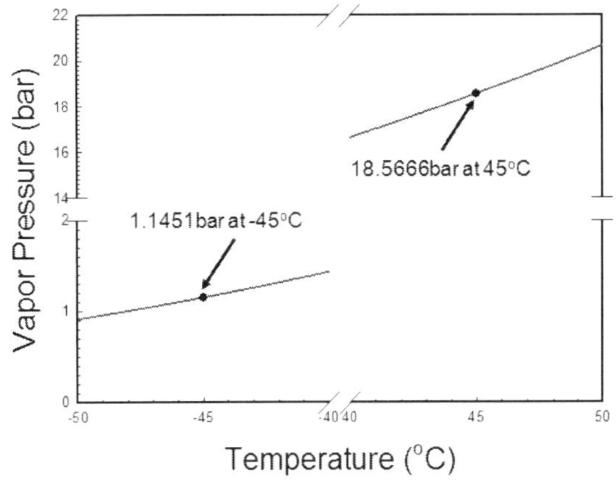

[그림 3.4.2] 프로필렌 냉매의 온도에 따른 순수성분의 증기압 곡선

그렇다면 −45℃보다 더 낮은 온도를 얻고자 한다면 어떻게 해야 하겠는가? 프로필렌 냉매를 이용해서는 냉매의 공급온도가 −45℃까지만 가능하다. 다음의 그림 3.4.3에는 에틸렌 냉매에 대한 온도에 따른 순수성분의 증기압 곡선을 나타내었다. 아래의 그림 3.4.3에 의하면 에틸렌 냉매의 온도가 −95℃에서 증기압이 1.6566bar로써 대기압 이상이다. 따라서 에틸렌 냉매를 이용하면 냉매의 온도를 −95℃ 정도까지 낮출 수 있으며 프로세스와의 온도 차를 3℃로 가정하면 공정상의 온도를 −92℃까지 낮출 수 있다. 그런데 문제는 에틸렌 냉매를 액화시키기 위한 2차 냉매로 냉각수를 사용할 수 없다는 사실이다. 그 이유는 에틸렌의 임계온도가 9.12℃로 낮기 때문에 냉각수를 이용해서 냉각이 가능한 온도인 45℃는 에틸렌의 임계온도 이상이기 때문에 이 온도에서는 에틸렌의 액화가 불가능하다. 따라서 에틸렌을 액화시키기 위한 냉매로써 프로판을 사용하면 프로판 냉매의 공급온도가 −40℃이므로 에틸렌의 온도를 −37℃까지 낮출 수 있다. 이러한 방식을 사용해서 더 낮은 온도는 에틸렌 대신에 메탄 냉매를 사용하면 냉매의 공급온도를 −155℃까지 낮추는 것이 가능하다. 이 밖의 냉매의 선정조건은 증발잠열이 커야 하고, 오존층을 파괴하지 않으며 화학적으로 안정하여야 할 것이라는 것들이 있다.

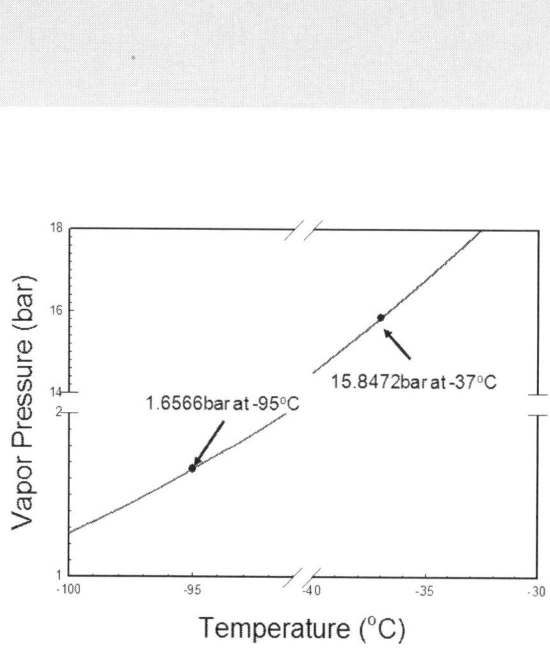

[그림 3.4.3] 에틸렌 냉매의 온도에 따른 순수성분의 증기압 곡선

3.5 증발기 heat duty 및 증발기로 주입되는 냉매의 유량 추정

프로판 냉매를 이용한 증기 재압축 냉동 사이클에 대한 전산모사를 위한 첫 번째 단계는 바로 증발기(냉매의 입장에서는 증발이 이루어지므로)에 대한 heat duty를 결정하는 일과 증발기로 주입되는 프로판 냉매의 유량을 추정하는 것이다.

예제 3.5.1 **증발기 heat duty의 결정 및 증발기로 주입되는 냉매의 유량 추정**

LPG 저장조에서 증발한 Boil-off gas를 재액화시키기 위한 heat duty와 증발기로 주입되는 프로판 냉매의 질량유량을 결정하라. 단, 냉매의 공급온도는 −40℃이며, 냉매는 잠열만을 공급한다. 열역학 모델식으로는 RK-Soave 상태방정식을 이용하라.

풀이

이 문제를 해결하기 위한 첫 번째 단계로써 [그림 3.5.1]과 같이 "Input"과 "Output" 단위계를 "METCBAR" 단위계로 새로이 지정하였다. 또한 "Title" 박스 안에 "Step_01: Evaporator Heat Duty and Refrigerant Flow"라고 입력하였다.

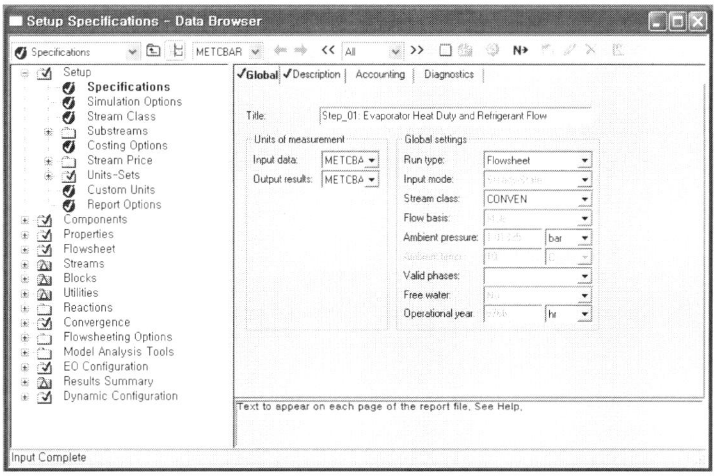

[그림 3.5.1] "Setup Specifications"에서 "Title"을 입력하고, 단위계를 "Metric bar"로 선정한 윈도우 화면

다음 단계로써 LPG의 구성성분인 프로판과 이소부탄 및 노말 부탄 성분을 입력하였으며 이는 아래의 그림 3.5.2에 나타내었다.

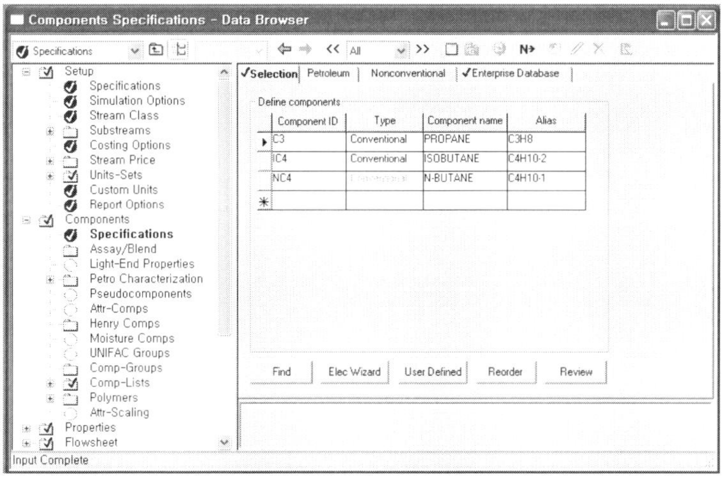

[그림 3.5.2] "Components Specifications"에서 LPG 구성 순수성분들인 프로판과 이소부탄 및 노말 부탄을 입력한 윈도우 화면

[그림 3.5.3]에는 열역학 모델식으로써 "RK-Soave" 상태방정식 모델식을 지정하였으며, [그

림 3.5.4]에는 각각의 이성분계에 대한 "RK-Soave" 상태방정식 모델식의 이성분계 상호작용 매개변수를 표시하였다.

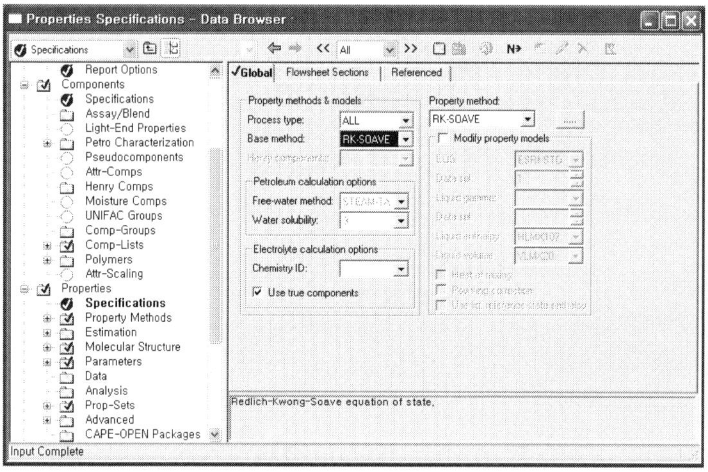

[그림 3.5.3] "Properties Specifications"에서 열역학 모델식으로 "RK-Soave" 상태방정식을 선정한 윈도우 화면

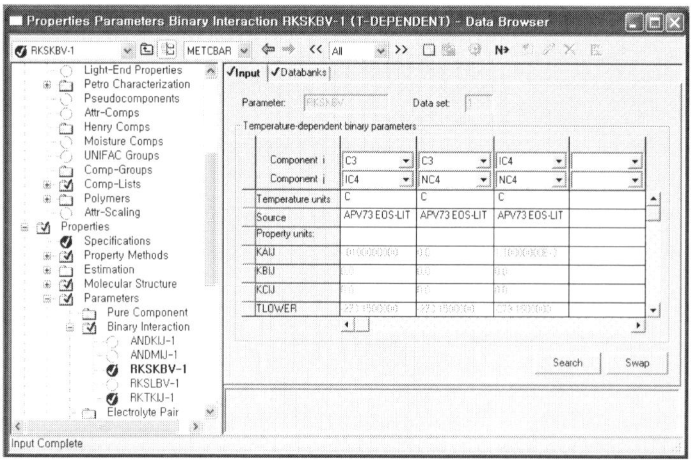

[그림 3.5.4] "Binary Interaction sheet"에 각각의 이성분계에 대한 "RK-Soave" 상태방정식의 이성분계 상호작용 매개변수 값을 나타낸 윈도우 화면

[그림 3.5.5]에는 증발기에 대한 모델링을 수행하기 위해서 "Heater" 모듈을 사용하여 플로우 쉬트 상에 나타내었다.

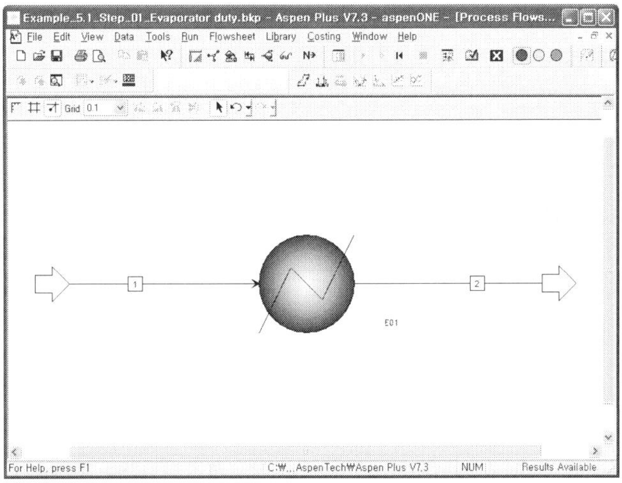

[그림 3.5.5] "Evaporator"에 대한 플로우쉬트를 나타낸 윈도우 화면

[그림 3.5.6]에는 LPG 성분의 온도, 압력, 유량 및 조성을 입력하였다.

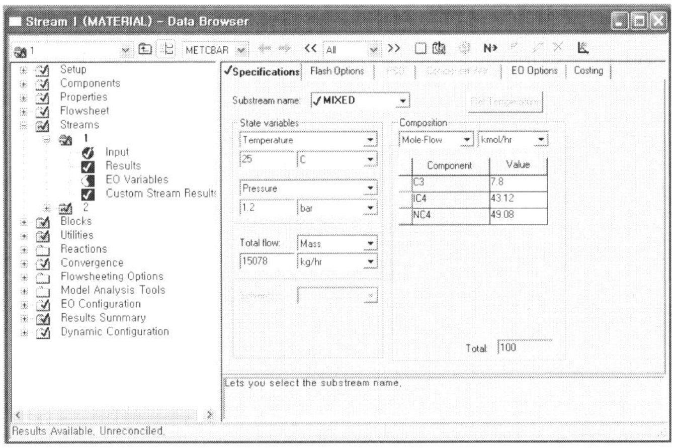

[그림 3.5.6] "Streams Specifications"에 원료 스트림에 대한 온도, 압력, 유량 및 조성을 입력한 윈도우 화면

또한 [그림 3.5.7]에는 증발기에서 LPG의 출구온도 조건에 해당하는 −30℃를 입력하였다. 그런데 여기에서 "Pressure" 박스에 0을 입력한 것은 진공을 의미하는 것이 아니라 "Pressure drop"을 의미하는 것으로써 압력강하가 무시되었음을 의미한다.

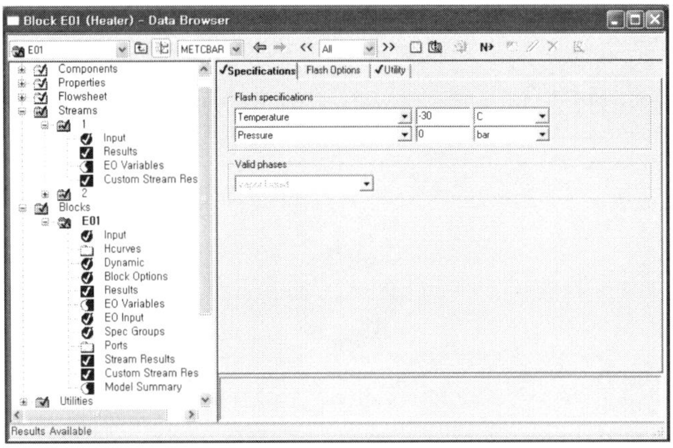

[그림 3.5.7] "Blocks Specifications"에서 증발기 출구 조건을 입력한 윈도우 화면

아래의 [그림 3.5.8]에는 "Utility type"으로써 "Refrigeration"을 지정함으로써 냉매를 사용한다는 것을 나타내었다. 여기에 "Energy price"에 1 $/cal를 입력한 것은 현재로써는 냉매의 가격에 대한 정보를 알 수 없으므로 임의로 1을 입력하였다.

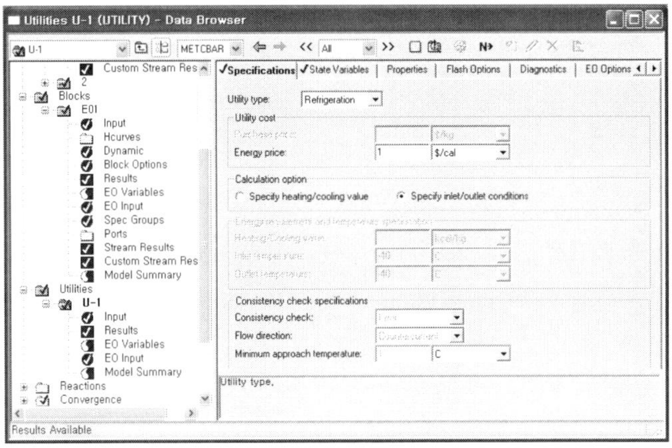

[그림 3.5.8] "Utilities Specifications"에서 "Utility type"을 "Refrigeration"으로 선정한 윈도우 화면

또한 [그림 3.5.9]에서 냉매에 대한 "Inlet state variables:"로 "Temperature"에는 프로판 냉매의 공급온도인 −40℃를 입력하였으며, "Vapor fraction"에는 0을 입력하였다. 이는 냉매가 포화액체 상태로 증발기로 공급되는 것을 의미한다. 또한 "Outlet state variables:"로

"Temperature"에는 역시 프로판 냉매의 공급온도인 −40℃와 같은 온도를 입력함으로써 순수 성분 냉매이기 때문에 증발과정에서 온도변화가 없음을 의미하는 것이며, "Vapor fraction"에는 1을 입력하였다. 이는 냉매가 포화증기 상태로 증발기에서 떠나는 것을 의미한다.

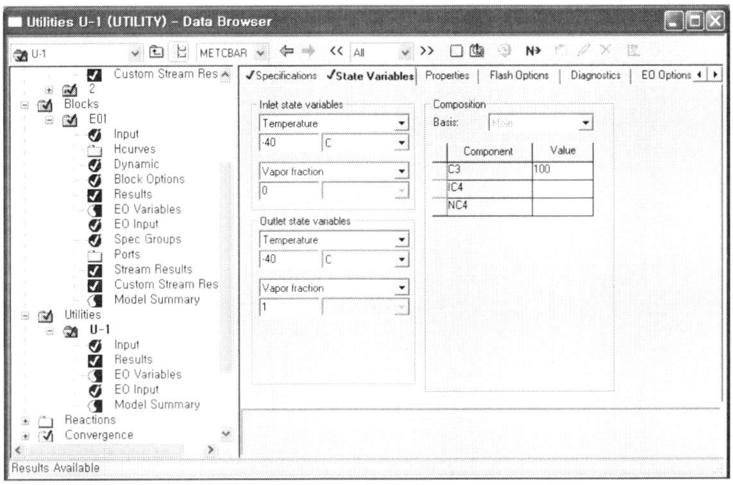

[그림 3.5.9] "Utilities Specifications"에서 "State Variables"에서 냉매의 종류와 공급온도, 입구 및 출구조건을 지정한 윈도우 화면

아래의 [그림 3.5.10]에는 LPG의 출구온도인 −30℃에서 "Vapor fraction"이 0이 되었음을 나타낸 것이며 증발기의 heat duty로 전산모사 결과 -1.7583×10^6 Kcal/hr를 얻었음을 알 수 있다. 이 결과는 다음의 [그림 3.5.11]의 내용과 동일하다.

또한 다음의 [그림 3.5.11]에는 증발기로 주입되는 냉매의 질량유량으로 17,108.7115Kg/hr를 얻었음을 알 수 있다. 또한 [그림 3.5.12]에는 냉매 1Kg당 "Inlet enthalpy"와 "Outlet enthalpy"의 차를 계산하면 냉매 1Kg당 잠열에 해당하는 −102.77329Kcal/Kg을 얻었다. 여기에서 마이너스 값은 "Inlet enthalpy"에서 "Outlet enthalpy" 값의 차를 의미하는 것이고 특별한 의미는 없다.

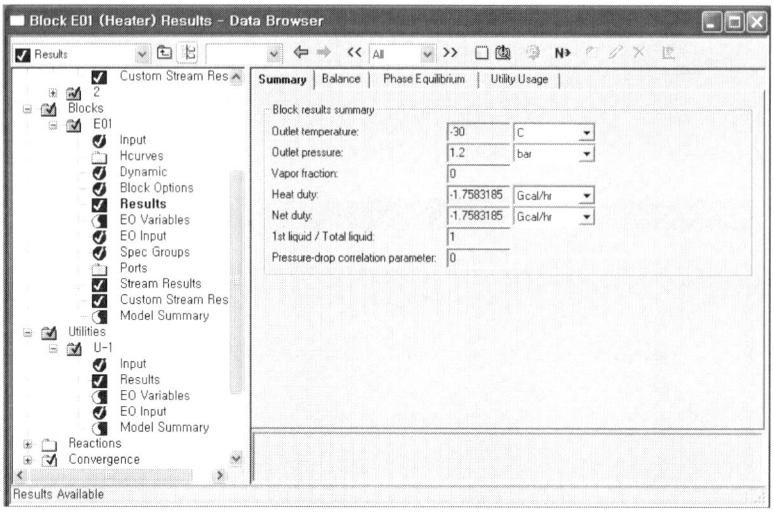

[그림 3.5.10] 증발기 전산모사 결과를 나타낸 윈도우 화면

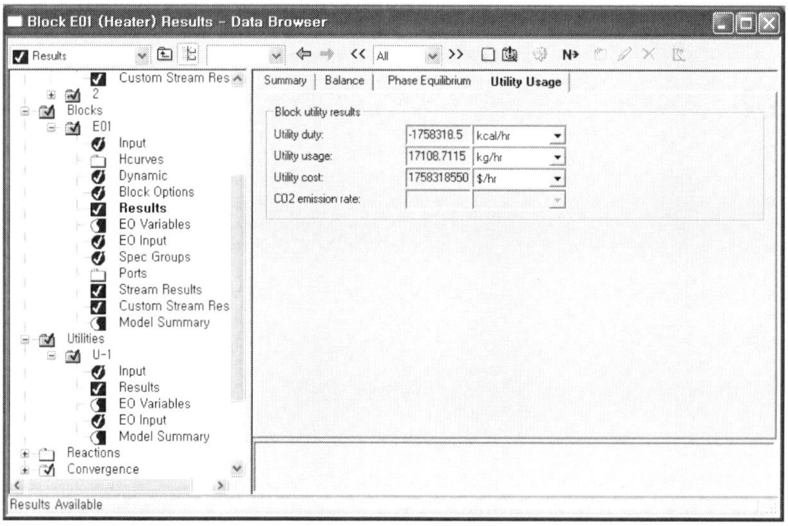

[그림 3.5.11] 증발기 전산모사 중의 일부로써 냉동 heat duty와 utility 사용량을 나타낸 윈도우 화면

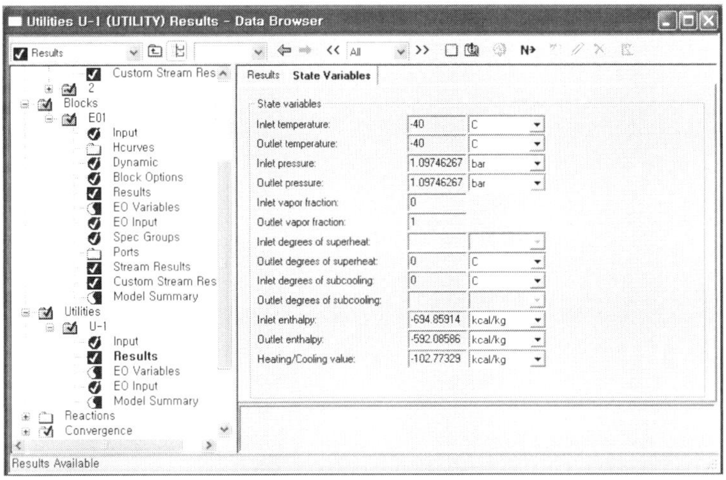

[그림 3.5.12] 증발기 전산모사 중의 일부로써 냉매에 대한 모사 결과를 종합해서 나타낸 윈도우 화면

3.6 압축기 후단 압력의 계산

두 번째 단계로써 프로판 냉매를 응축기에서 45℃까지 냉각시켰을 때 완전히 응축시킬 수 있는 압축기 후단의 압력을 결정하는 것이다. 이것은 여러 가지 방법을 이용해서 풀 수 있다. 첫 번째 방법으로 2장에서 학습한 기포점 압력 계산을 이용하는 것이고, 두 번째 방법으로는 Aspen Plus의 고유 기능인 "Design Spec."을 활용하는 것인데 이것은 다음 장을 학습한 후에 다시 이 문제를 다루기로 한다.

예제 3.6.1 냉매 압축기 후단 압력의 결정

프로판 냉매는 끓는점이 −42.04℃이기 때문에 상압 조건에서는 냉각수를 이용해서 응축시킬 수 없다. 따라서 프로판의 압력을 높이면 냉각수를 이용해서 냉각할 수 있는 온도인 45℃에서 액화가 가능하다. 따라서 냉매 압축기에서는 프로판의 액화가 가능한 압력까지 냉매 압축기를 이용해서 가압해 주어야 한다. 이것은 45℃에서 프로판의 기포점 압력과 같다. 따라서 RK-Soave 상태방정식을 이용하여 45℃에서 프로판의 기포점 압력을 구하라.

풀이

이 문제를 해결하기 위해서는 Flash drum을 작성하고, 45°C에서 순수한 프로판의 기포점 압력을 결정하는 것이다. 원료 스트림은 순수한 프로판의 질량유량만을 입력하고, 원료의 온도와 압력은 기포점이나 이슬점 계산과는 무관하기 때문에 25°C, 1bar를 입력하였다. 원료 스트림을 정의한 것은 아래의 [그림 3.6.1]에 나타내었다. 또한 다음의 [그림 3.6.2]에는 45°C에서 기포점 압력을 계산하기 위해서 "Vapor fraction" 값을 0으로 입력하였다. 기포점에서는 증기분율이 0이 되고, 이슬점에서는 증기분율이 1이 되기 때문이다.

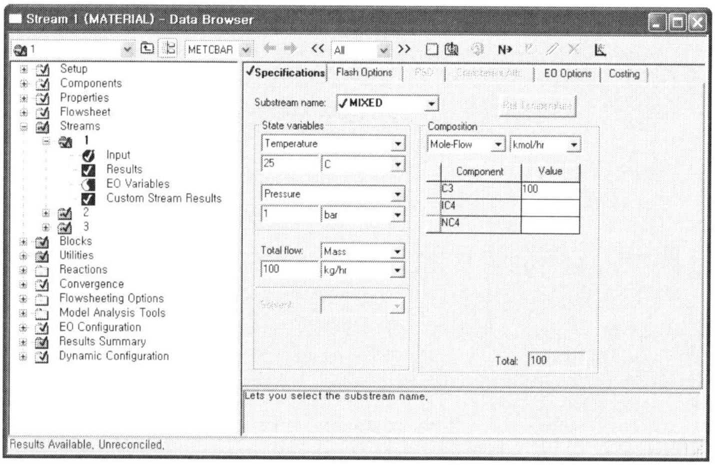

[그림 3.6.1] 45°C에서 순수한 프로판 성분의 기포점 압력을 계산하기 위해서 원료 스트림을 정의한 윈도우 화면

다음의 [그림 3.6.3]에는 45°C에서 순수한 프로판 성분의 기포점 압력의 결과로 15.5542873bar가 계산되었음을 알 수 있다.

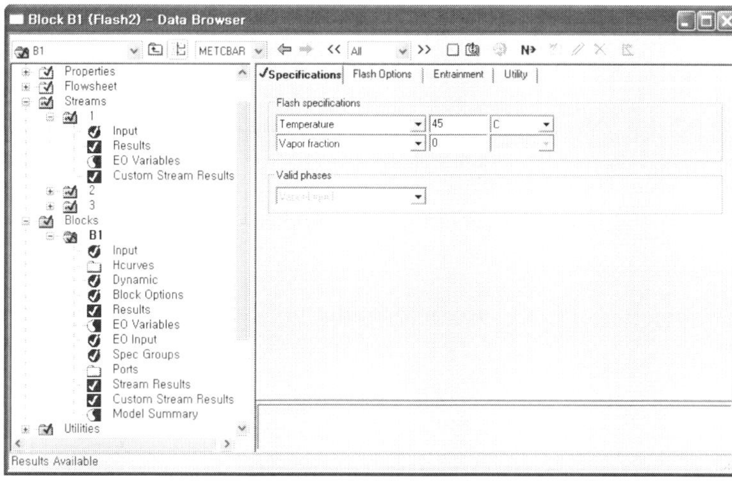

[그림 3.6.2] 45°C에서 순수한 프로판 성분의 기포점 압력을 계산하기 위해서 플래쉬 드럼의 운전 조건을 지정한 윈도우 화면

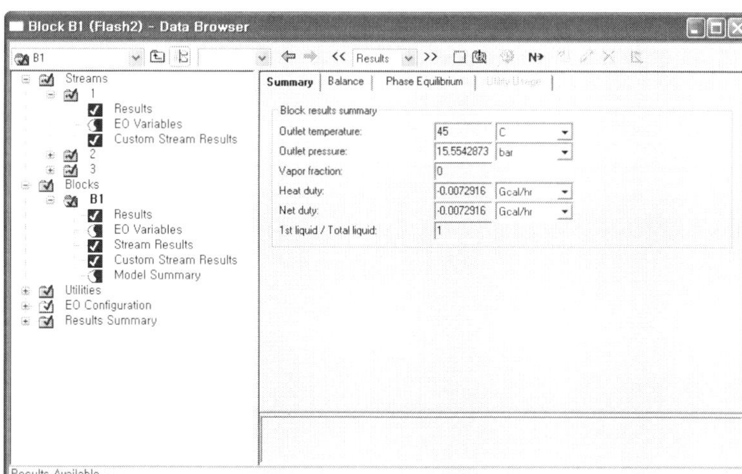

[그림 3.6.3] 45°C에서 순수한 프로판 성분의 기포점 압력 계산 결과를 나타낸 윈도우 화면

이 문제에 대한 다른 풀이방법으로써 아래의 [그림 3.6.4]와 같이 냉매 압축기와 냉매 응축기를 연결한 다음에 1번 스트림의 조건을 순수한 프로판으로 지정하고, 온도를 −40℃로 지정한 다음에 포화 증기상태 조건으로 주입하기 위해서 증기의 분율을 1로 지정한다. 그런 다음

에 압축기 K01에 도출압력을 임의로 지정하고, 단열효율을 70%로 지정한다. 그리고 응축기 E02의 출구의 온도를 냉각수로 냉각이 가능한 온도인 45°C로 지정한다. 그런 다음에 "Design spec."으로써 응축기 출구 스트림에서 "Vapor fraction"을 0으로 지정하고, 이를 맞추기 위한 "Variable"로써 압축기 도출압력을 변화시키는 것으로 하는데 이는 "Aspen Plus"의 고유 기능 중의 하나인 "Design spec." 기능을 사용해야 한다.

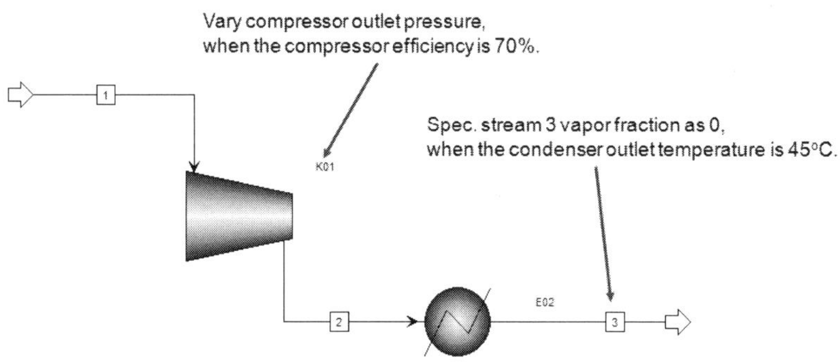

[그림 3.6.4] Design spec. 기능을 사용하여 압축기 후단의 압력을 결정하는 과정을 나타낸 윈도우 화면

3.7 팽창밸브 후단 압력의 계산

세 번째 단계로써 45°C에서 포화액체 상태인 고압의 프로판 냉매를 팽창밸브를 통해서 등엔탈피 팽창하였을 때, 팽창 후의 프로판 냉매의 공급온도인 −40°C를 얻기 위해서 팽창밸브 후단의 압력을 결정해야 한다. 이것 또한 여러 가지 방법을 이용해서 풀 수 있다. 첫 번째 방법으로 2장에서 학습한 이슬점 압력 계산을 이용하는 것이고, 두 번째 방법으로는 Aspen Plus의 고유 기능인 "Design Spec."을 활용하는 것이다.

예제 3.7.1 **팽창밸브 후단 압력의 결정**

팽창밸브 후단에서 프로판 냉매의 온도로써 −40°C를 얻기 위해서 팽창밸브 후단의 압력을 결정해야 한다. 이는 −40°C에서 순수한 프로판의 이슬점 압력과 같다. 따라서 RK-Soave 상태방정식을 이용하여 −40°C에서 프로판의 이슬점 압력을 구하라.

풀이

Flash drum을 작성하고, −40℃에서 순수한 프로판의 이슬점 압력을 결정하는 것이다. 원료 스트림은 순수한 프로판의 질량유량만을 입력하고, 원료의 온도와 압력은 기포점이나 이슬점 계산과는 무관하기 때문에 25℃, 1bar를 입력하였다. 원료 스트림을 정의한 것은 상기 [그림 3.7.1]과 동일하다. 또한 다음의 [그림 3.7.1]에는 −40℃에서 이슬점 압력을 계산하기 위해서 "Vapor fraction" 값을 1로 입력하였다. 이슬점에서는 증기분율이 1이 되기 때문이다.

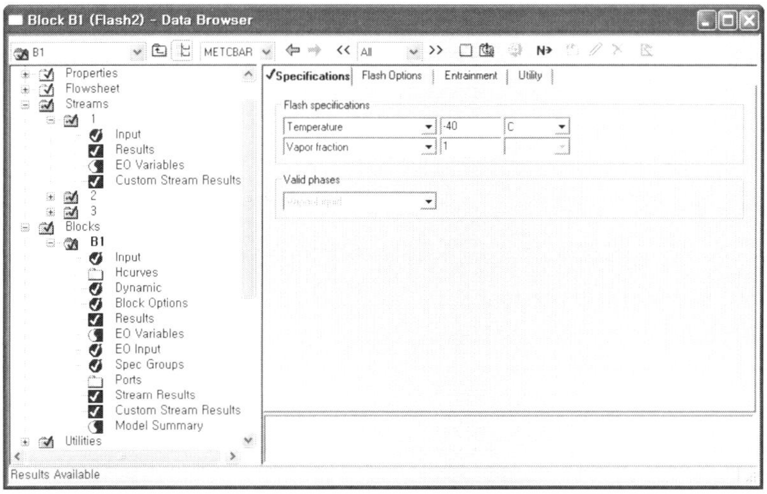

[그림 3.7.1] −40℃에서 순수한 프로판 성분의 기포점 압력을 계산하기 위해서 플래쉬 드럼의 운전 조건을 지정한 윈도우 화면

아래의 [그림 3.7.2]에는 −40℃에서 순수한 프로판 성분의 이슬점 압력의 결과로 1.09746267bar가 계산되었음을 알 수 있다.

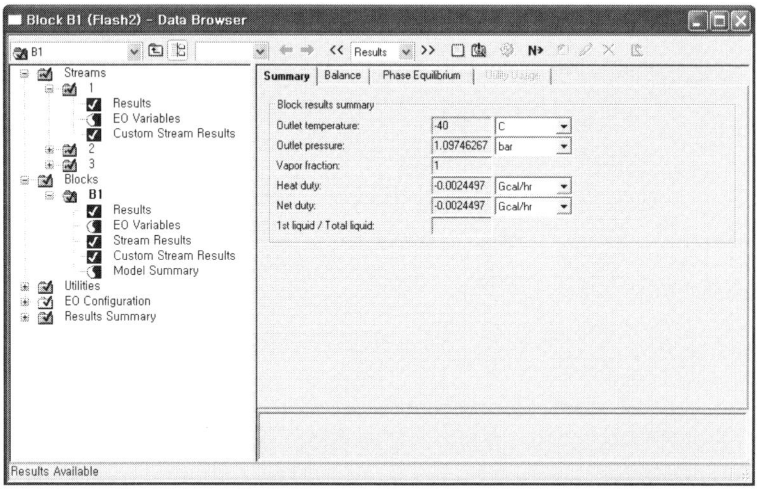

[그림 3.7.2] −40°C에서 순수한 프로판 성분의 기포점 압력 계산 결과를 나타낸 윈도우 화면

이 문제에 대한 다른 풀이방법으로써 아래의 [그림 3.7.3]과 같이 밸브를 완성한 다음에 1번 스트림의 조건을 순수한 프로판으로 지정하고, 온도를 45°C로 지정한 다음에 포화 액체상태 조건으로 주입하기 위해서 증기의 분율을 0으로 지정한다. 그런 다음에 밸브 CV01에 도출압력을 임의로 지정한다. 그리고 밸브 후단 스트림의 온도를 프로판 냉매의 공급온도인 −40°C 가 될 수 있도록 "Design spec."을 사용해서 정의한다. 그리고 이를 맞추기 위한 "Variable" 로써 밸브 도출압력을 변화시키는 것으로 하는데 이는 "Aspen Plus"의 고유 기능 중의 하나인 "Design spec." 기능을 사용해야 한다.

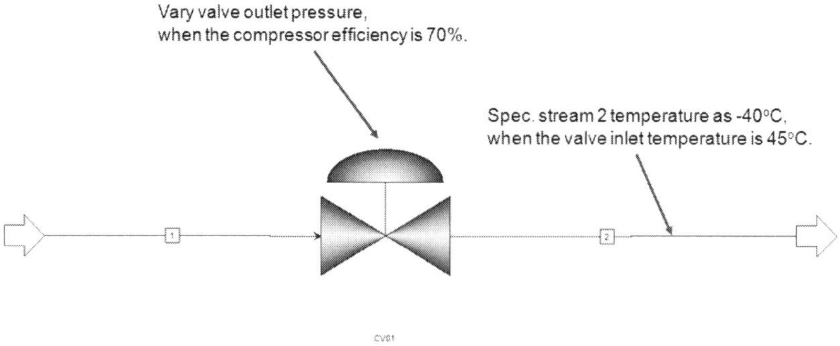

[그림 3.7.3] Design spec. 기능을 사용하여 밸브 후단의 온도가 −40°C가 되는 밸브 후단의 압력을 결정하는 과정을 나타낸 윈도우 화면

3.8 증발기로 주입되는 냉매 유량의 계산

네 번째 단계로써 증발기로 주입되는 프로판 냉매의 질량유량을 결정해야 한다. 그런데 이것은 3.7절에서 증발기의 heat duty를 계산하는 과정에서 "Heater"에 내장되어 있는 기능인 "Utility"를 사용하여 프로판 냉매의 질량유량을 추산하였다. 여기에서는 "Heater"를 사용하는 방법과 "HeatX"를 사용해서 "Hot stream"으로써 LPG를 "Cold stream"으로써 프로판 냉매를 지정하여 유량을 직접 계산하고, 이 결과를 3.7절에서 구한 계산 결과와 비교해 보자.

예제 3.8.1 **증발기로 주입되는 냉매 유량의 결정**

증발기로 주입되는 프로판 냉매의 유량을 계산해 보자. 이는 두 가지 방법에 의해서 계산이 가능하다. 증발기로 주입되는 냉매 입장에서만 계산하기 위해서는 "Heater" 모듈로 계산이 가능하다. 한편, 증발기로 주입되는 LPG와 냉매를 모두 고려해야 할 경우에는 "HeatX"를 사용해야 한다.

풀이

이 문제를 해결하기 위한 첫 번째 단계로써 그림 3.8.1과 같이 "Heater"를 설정한다. 그리고 입력 스트림에 순수한 프로판을 100kg/hr의 유량이 흐르도록 설정하고, −40°C에서 기포점 상태가 되도록 "Vapor fraction"을 0으로 지정한다.

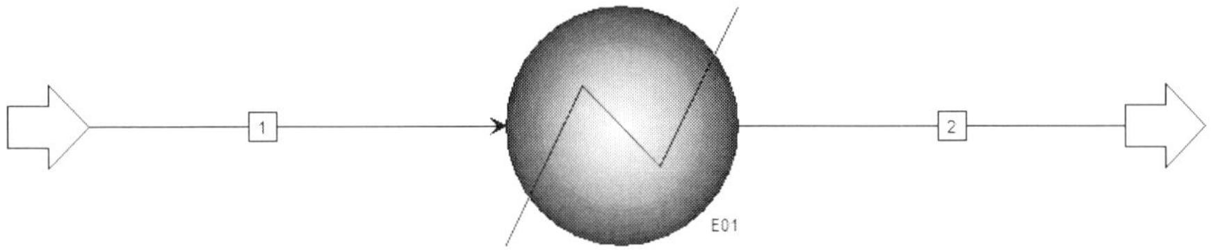

[그림 3.8.1] Heater를 사용해서 −40°C가 되는 프로판 냉매 100Kg/hr를 흘렸을 적에 계산되는 heat duty를 결정하기 위한 윈도우 화면

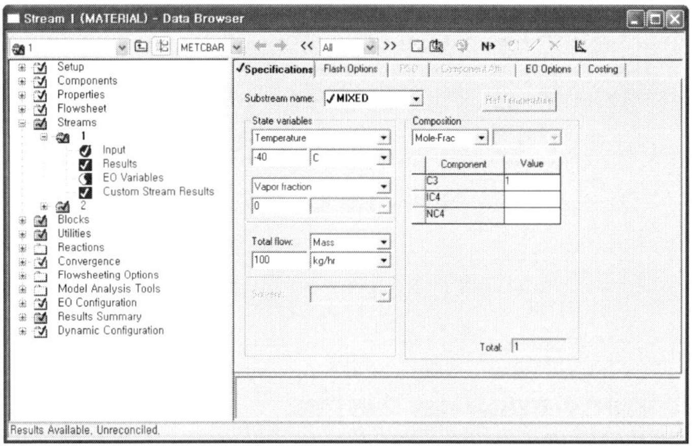

[그림 3.8.2] 프로판 냉매의 증발기로 주입되는 공급 조건을 나타낸 윈도우 화면

증발기의 출구 조건을 입력하기 위해서 압력강하는 무시(Pressure=0)하였으며, "Vapor fraction"을 1로 주었으므로 프로판의 잠열만을 공급하도록 설정한 것은 [그림 3.8.2]에 나타내었다. 또한 아래의 [그림 3.8.3]에는 프로판 유량을 100Kg/hr로 지정하였을 때, 증발기의 heat duty로써 10,277.2431Kcal/hr가 계산되는 것을 나타내었다.

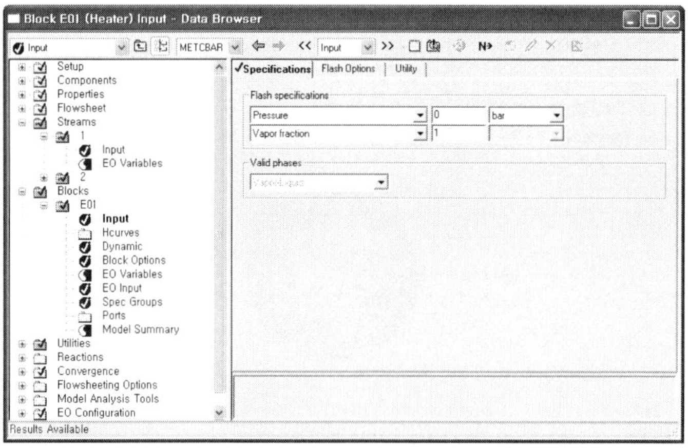

[그림 3.8.3] 증발기의 출구 조건을 지정한 윈도우 화면

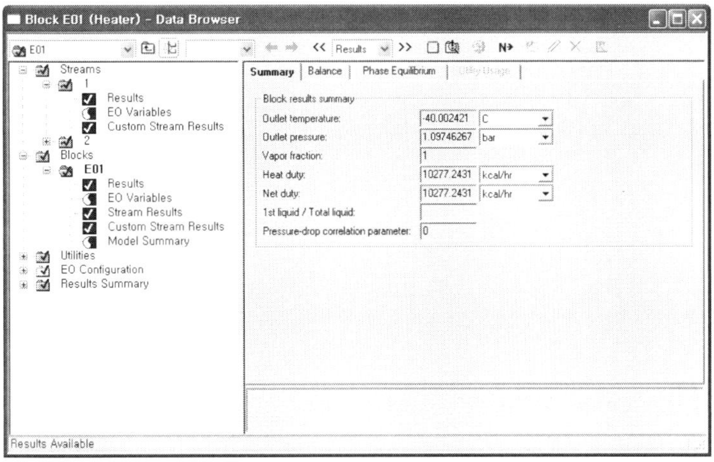

[그림 3.8.4] 증발기의 heat duty 계산 결과를 나타낸 윈도우 화면

또 다른 방법 중의 하나로써 프로판 냉매의 유량을 직접 계산할 수 있는 방법이 있다. 이것은 "Design spec."과 "Vary" 옵션을 사용하는 것으로써 이것에 대해서는 다음 장에서 상세하게 다루기로 한다.

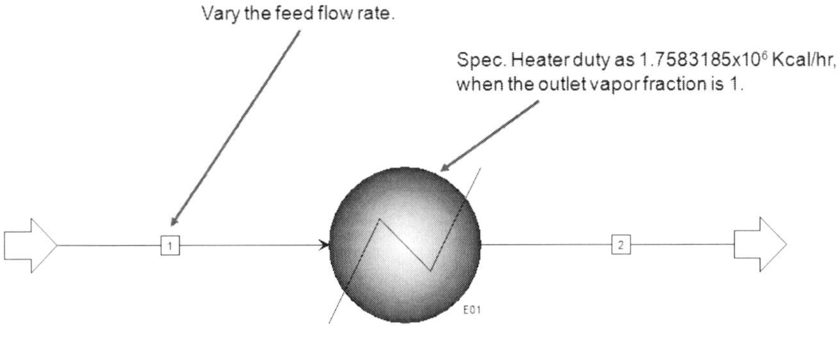

[그림 3.8.5] "Design spec."과 "Vary" 옵션을 사용하여
프로판 냉매의 유량을 결정하기 위한 윈도우 화면

3.9 냉매 총 순환유량의 결정

다섯 번째 단계로써 증발기로 주입되는 프로판 냉매의 질량유량으로부터 냉매 총 순환유량을 결정해야 한다. 여기에서는 45°C에서 포화 액체 상태의 프로판 냉매가 팽창밸브에 의해서 −40°C의 차가운 냉매가 얻어지는 온도까지 압력을 떨어뜨린 후에 플래쉬 드럼에서 기액 분리를 통해서 앞의 예제에서 결정한 증발기로 주입되는 유량과 비례 관계를 통해서 냉매의 총 순환유량을 결정할 수 있다.

예제 3.9.1 **냉매 총 순환유량의 결정**

45°C에서 포화액체 상태의 프로판 냉매가 100Kg/hr가 팽창밸브로 주입된다. 팽창밸브 후단에서 프로판 냉매의 온도로써 −40°C를 얻기 위해서 팽창밸브 후단의 압력을 결정하고, 팽창밸브 후단에 플래쉬 드럼을 연결한 다음에 비례 관계식에 의해서 냉매의 총 순환유량을 결정하라.

풀이

우선 이 문제를 해결하기 위해서 다음의 [그림 3.9.1]과 같이 감압 밸브와 플래쉬 드럼을 순서대로 위치시키고 원료 스트림과 증기류 및 액상류 스트림을 연결한다. 다음의 [그림 3.9.2]에서 스트림 1에는 문제의 조건에 맞도록 순수한 프로판 냉매를 100Kg/hr의 유량이 되도록 입력하며, 온도는 응축기 후단온도 조건인 45°C를 입력하고, 포화액체 상태가 되도록 "Vapor fraction"은 0을 입력한다.

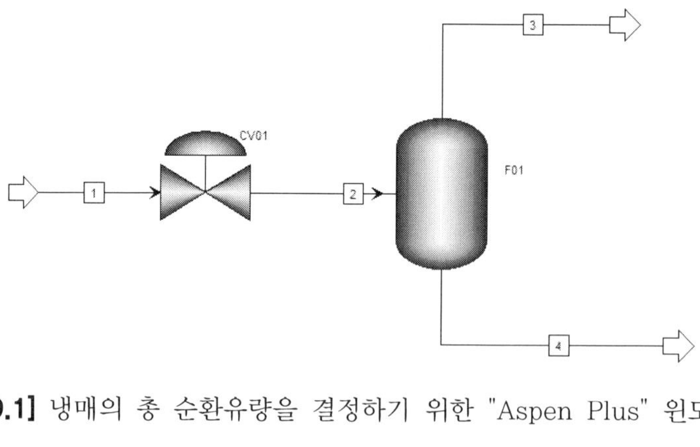

[그림 3.9.1] 냉매의 총 순환유량을 결정하기 위한 "Aspen Plus" 윈도우 화면

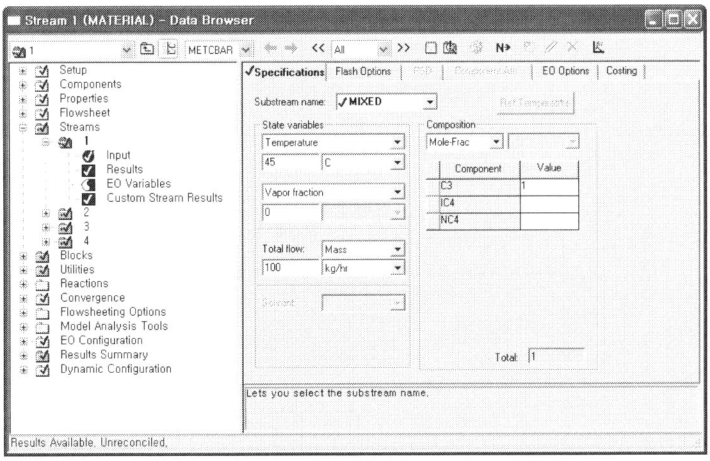

[그림 3.9.2] 프로판 냉매의 원료 조건을 지정한 윈도우 화면

그 다음 단계로써 다음의 [그림 3.9.3]에는 팽창밸브 후단의 압력을 우선 1.09bar로 초기치를 지정하였다. 그리고 [그림 3.9.4]에는 기-액 분리기의 운전조건을 입력하였다. 기-액 분리기의 운전 조건으로는 -40°C와 단열조건을 입력하기 위해서 "heat duty"를 0으로 지정하였다. 그 결과 다음의 [그림 3.9.5]에는 팽창밸브 후단의 온도를 나타내었는데 이것은 초기에 가정한 압력인 1.09bar에서 프로판 냉매의 온도가 -40.2°C로써 원하는 온도보다 약간 낮음을 알 수 있다.

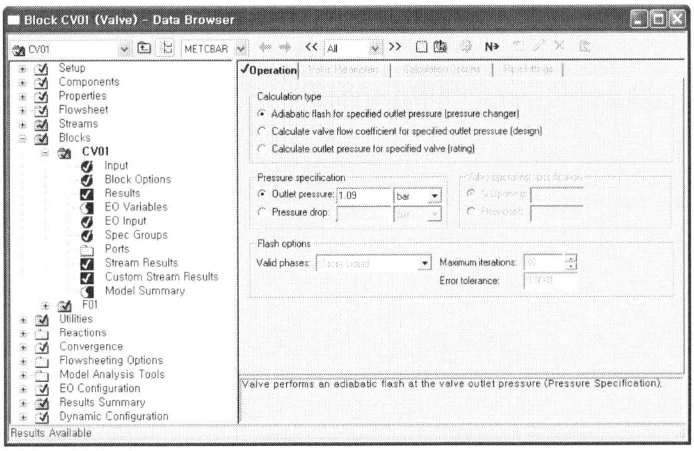

[그림 3.9.3] 감압 밸브 후단의 압력을 지정한 윈도우 화면

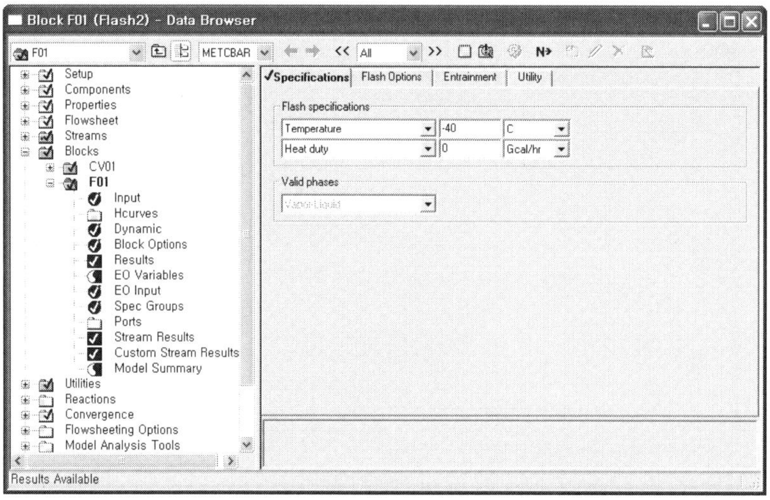

[그림 3.9.4] 기-액 분리기의 조건을 지정한 윈도우 화면

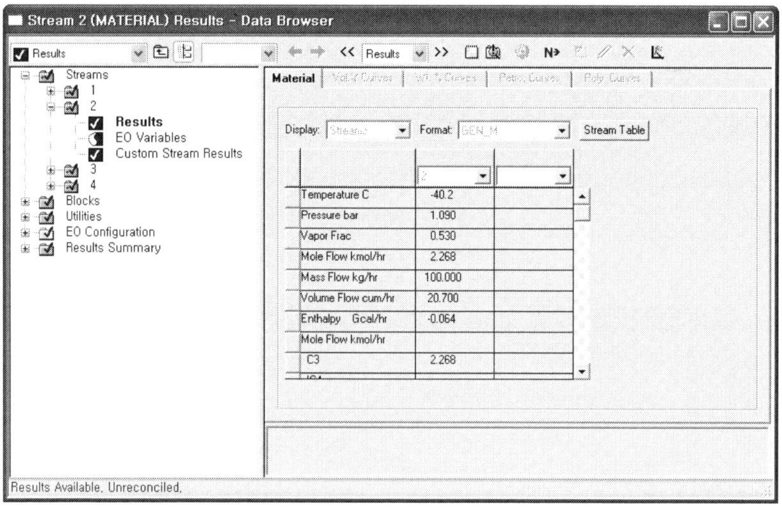

[그림 3.9.5] 팽창밸브 후단 스트림의 온도계산 결과를 나타낸 윈도우 화면

따라서 다음의 [그림 3.9.6]을 살펴보면 기-액 분리기의 운전온도를 −40℃로 하였을 때, 압력이 아래와 같이 1.09746382bar로 계산되었으므로, 팽창밸브 후단에 이 압력을 입력하여 새로 계산하기로 한다. 새롭게 계산된 팽창밸브 후단인 2번 스트림의 온도는 아래의 [그림 3.9.7]과 같이 −40.0℃로 계산되었음을 알 수 있다.

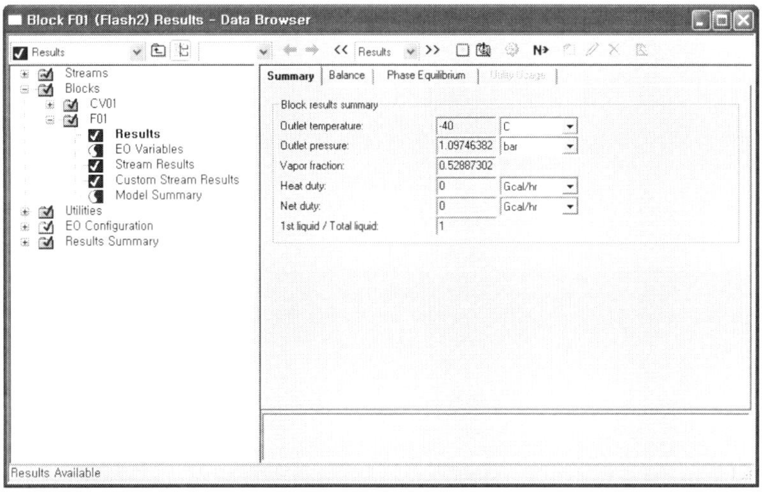

[그림 3.9.6] 팽창밸브 후단 스트림의 온도계산 결과를 나타낸 윈도우 화면

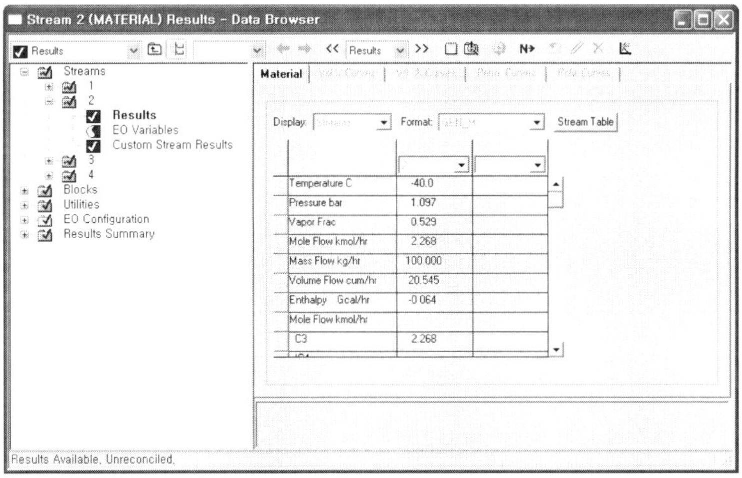

[그림 3.9.7] 새롭게 계산된 팽창밸브 후단 스트림의 온도계산 결과를 나타낸 윈도우 화면

이제는 문제의 조건에 맞도록 프로판 냉매의 총 순환유량을 결정해야 한다. 다음의 [그림 3.9.8]에서 보면 입력되는 순수한 프로판 냉매가 100Kg/hr일 때, 증발기로 주입되는 냉매의 질량유량은 47.113Kg/hr임을 알 수 있다. 그런데 앞의 5.6절에서는 증발기로 주입되는 냉매의 유량이 17,108.8538Kg/hr으로 계산되었다. 따라서 아래의 식 (3.9.1)과 같이 비례관계를 이용하면 냉매의 총 순환유량은 xKg/hr와 같아짐을 알 수 있다.

$$100 : 47.113 = x : 17,108.8538 \tag{3.9.1}$$

그리고 위의 식 (3.9.1)을 다시 계산하면 냉매의 총 순환유량 x는 아래의 식 (3.9.2)와 같아진다.

$$x = \frac{(100)(17,108.8538)}{(47.113)} = 36,314.51 \tag{3.9.2}$$

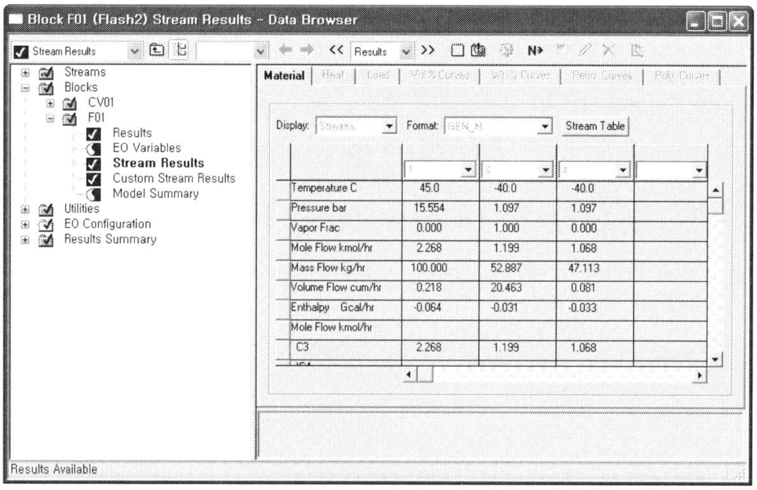

[그림 3.9.8] 팽창밸브 입력 스트림과 기-액 분리기 후단의 기상류 및 액상류에 대한 질량유량을 나타낸 윈도우 화면

3.10 압축기 소요동력 및 압축기 후단온도의 계산

위의 3.9절에서 프로판 냉매의 총 순환유량이 결정되었으므로, 그 다음 단계는 압축기 소요동력을 결정하는 것이다. 압축기의 효율을 70%라고 가정하기로 하였으므로 이것으로부터 우리는 압축기 후단의 온도를 추산할 수 있다.

예제 3.10.1 압축기 소요동력 및 압축기 후단온도의 계산

예제 3.8.1에서 결정한 프로판 냉매의 총 순환유량과 예제 3.9.1에서 결정한 압축기 후단의 압력으로부터 우리는 압축기 소요동력을 추산할 수 있다. 또한 압축기의 효율을 70%로 가정하였으므로 이로부터 압축기 후단온도를 추산할 수 있다.

풀이

우선 이 문제를 해결하기 위해서 다음의 [그림 3.10.1]과 같이 압축기를 그리고 입력 스트림과 압축기 후단 스트림을 연결한다. 또한 다음의 [그림 3.10.2]에서 스트림 1에는 문제의 조건에 맞도록 순수한 프로판 냉매를 36,314.51Kg/hr의 유량이 되도록 입력하며, 온도는 증발기 후단의 온도 조건인 −40℃를 입력하고, 포화증기 상태가 되도록 "Vapor fraction"은 1을 입력한다.

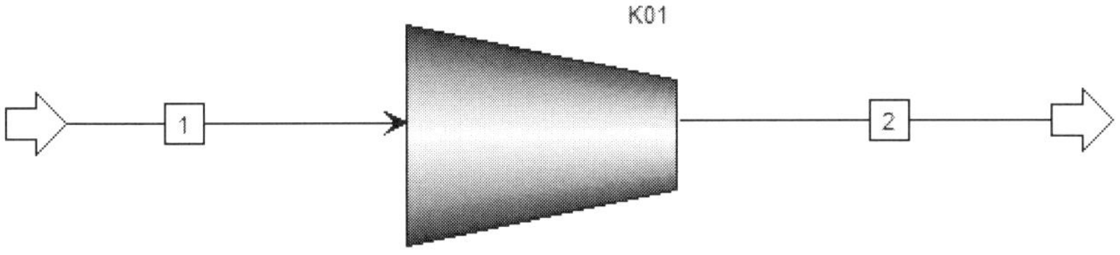

[그림 3.10.1] 냉매 압축기의 소요동력을 추산하기 위한 "Aspen Plus" 윈도우 화면

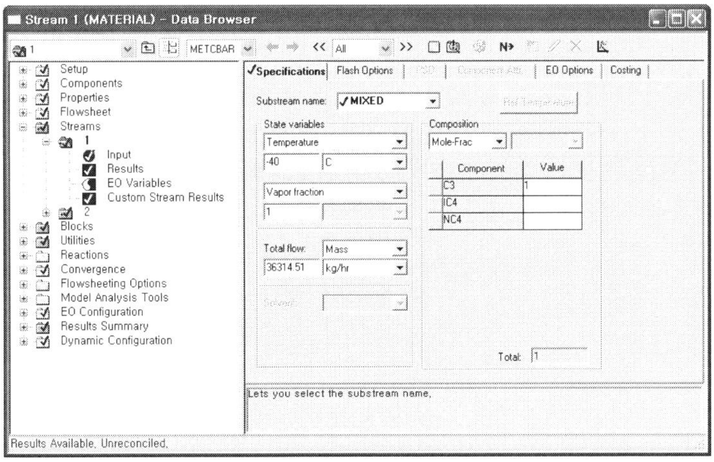

[그림 3.10.2] 냉매 압축기로 주입되는 프로판 냉매의 유량과 조건을 입력한 윈도우 화면

다음 단계는 다음 [그림 3.10.3]에 나타내었으며, 냉매 압축기인 K01에 대한 조건으로써 "Model"을 "Compressor"로 지정하고, "Type" 박스안에 "Isentropic"을 선택한다. 또한 "Outlet specification"에 "Discharge pressure:" 박스 안에 15.5542873bar를 입력한다. 그리고 마지막으로 "Efficiencies"에 "Isentropic"으로 0.7을 입력한다.

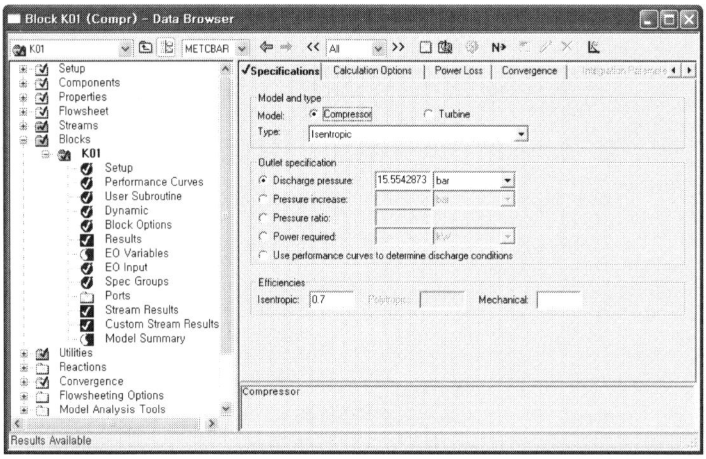

[그림 3.10.3] 냉매 압축기의 운전 조건을 입력한 윈도우 화면

이제 [그림 3.10.4]에 냉매 압축기에 대한 전산모사 결과를 나타내었다. [그림 5.8.4]에 의하면 냉매 압축기의 효율이 70%일 때, 소요동력은 1,814.95227kW임을 알 수 있고, 출구온도가 85.02℃ 가량 됨을 알 수 있다. 여기에서 출구온도가 59.55℃ 정도 되는 것은 압축기의 효율을 100%라고 가정하였을 때 얻을 수 있는 온도이다.

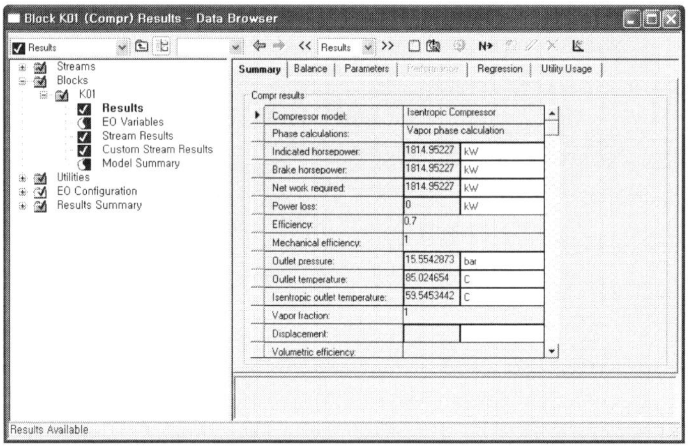

[그림 3.10.4] 냉매 압축기의 전산모사 결과를 나타낸 윈도우 화면

3.11 응축기 heat duty 및 냉각수 소모유량의 계산

위의 3.10절에서 프로판 냉매의 총 순환유량이 결정되었으므로, 그 다음 단계는 압축기 소요 동력을 결정하는 것이다. 압축기의 효율을 70%라고 가정하기로 하였으므로 이것으로부터 우리는 압축기 후단의 온도를 추산할 수 있다.

예제 3.11.1 **응축기 heat duty 및 냉각수 소모유량의 계산**

예제 3.9.1에서 결정한 프로판 냉매 압축기의 소요동력과 압축기 후단의 온도로부터 우리는 냉매 응축기의 heat duty와 냉각수 소모유량을 추산할 수 있다.

풀이

우선 이 문제를 해결하기 위해서 앞의 [그림 3.11.1]에 나타낸 냉매 압축기에 이어서 응축기를 추가하면 된다.

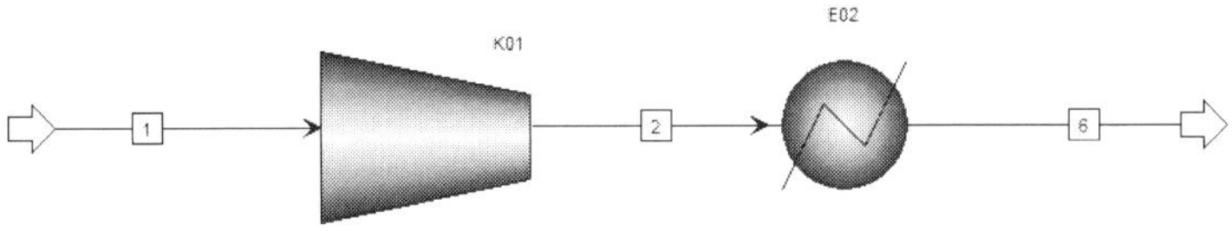

[그림 3.11.1] 냉매 응축기의 heat duty와 냉각수 소모유량을 추산하기 위한 "Aspen Plus" 윈도우 화면

한편 아래의 [그림 3.11.2]에는 응축기의 출구조건을 입력하였다. 압력강하는 무시하였으며, 출구온도를 45℃로 지정하는 대신에 "Vapor fraction"을 0으로 지정하였다. 이는 압축기 도출온도를 프로판 냉매의 45℃에서의 기포점 압력이 되도록 올바르게 지정하였기 때문에 계산된 냉매 응축기의 출구 온도가 45℃로 나올 것이기 때문이다. 또한 [그림 3.11.3]에는 냉매 응축기에서 사용하는 "Utility"를 냉각수로 지정하였는데 "Utility type"으로 "Water" 즉 냉각수를 지정하였다. 여기에서 "Utility cost"는 임의로 지정하였으며, "Calculation option"을 "Specify inlet/outlet condition"으로 지정하였는데 이는 냉각수의 경우에 공급온도와 회수온도만 알면 되기 때문이다.

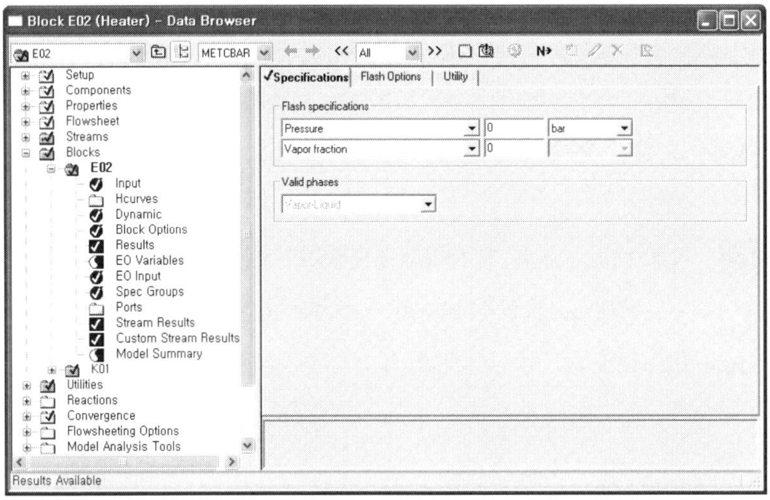

[그림 3.11.2] 냉매 응축기의 출구 조건을 지정한 윈도우 화면

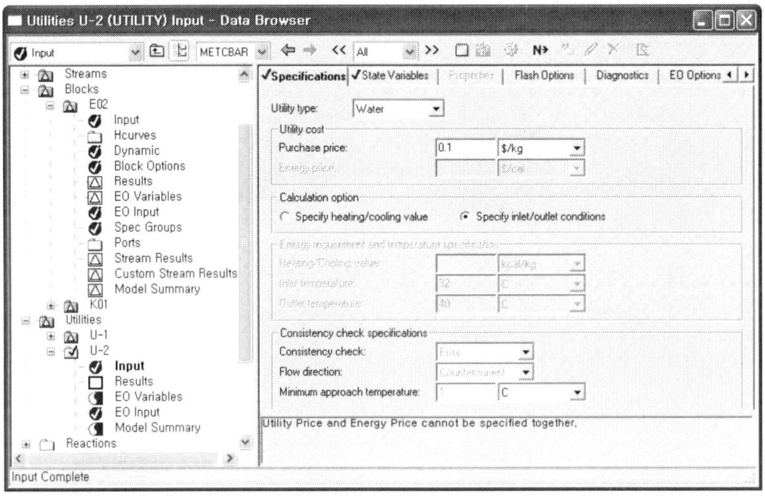

[그림 3.11.3] Utility 조건을 입력한 윈도우 화면

아래의 [그림 3.11.4]에는 "State Variables" 탭을 입력하였는데 여기에서는 냉각수의 공급온도로써 32°C를 회수온도로써 40°C를 지정하였다. 이와 함께 냉각수의 압력은 5bar로 지정하였는데 냉각수의 물성에 미치는 압력의 영향은 거의 없으므로 이 압력값은 임의로 지정하였다. 이와 함께 "Utility"로써 냉각수를 사용하는 것으로 지정하였으므로 냉각수 소모량을 추산

하기 위해서는 물 성분에 대한 물성 데이터가 필요하다. 따라서 "Component Specifications"에서 "Water"를 새로 추가하였다. 이것은 아래의 [그림 3.11.5]에 나타내었다.

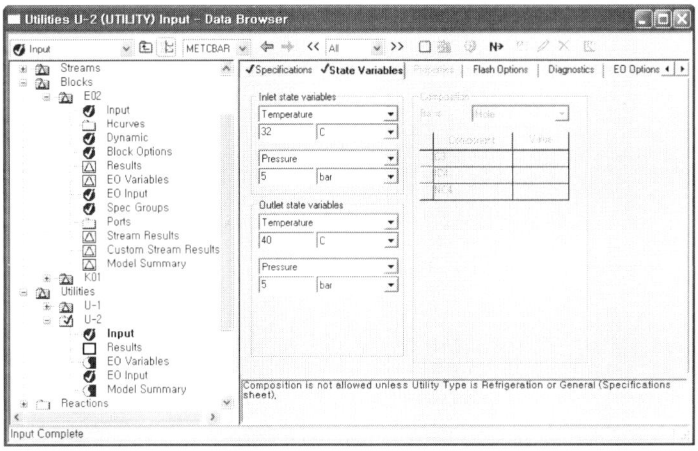

[그림 3.11.4] Utility에서 State Variables를 입력한 윈도우 화면

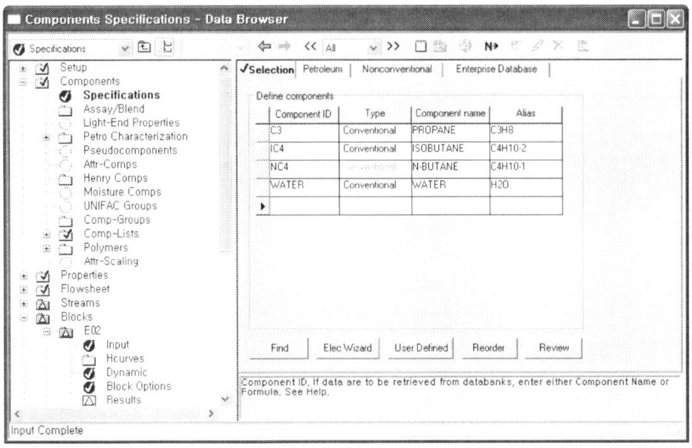

[그림 3.11.5] "Component Specifications"에서 순수성분으로써 "Water" 성분을 추가한 윈도우 화면

이제 [그림 3.11.6]에서 [그림 3.11.8]사이에는 냉매 응축기에 대한 전산모사 결과를 나타내었다. 우선 [그림 3.11.6]에는 냉매 응축기의 heat duty로써 $-3.31888\text{x}10^{6}$Kcal/hr가 얻어졌으며, 냉매 응축기의 출구 온도는 45.0007006°C로써 거의 45°C와 같음을 알 수 있다. 또한

[그림 3.11.7]에는 냉각수 소모유량이 416,413.393Kg/hr가 됨을 알 수 있다. 마지막으로 [그림 3.11.8]에는 냉매 응축기 후단의 온도가 45℃에서 "Vapor fraction"이 0이 되는 것으로 보아 냉매의 상 조건이 포화 액체 상태임을 알 수 있다.

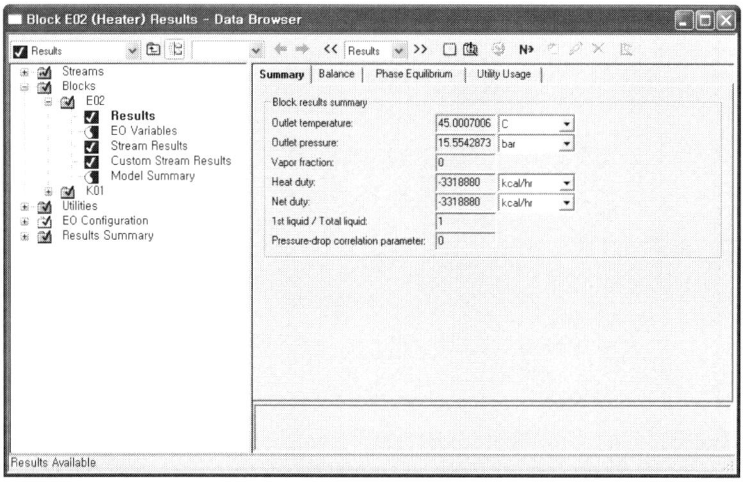

[그림 3.11.6] 냉매 응축기 전산모사 결과를 나타낸 윈도우 화면(1)

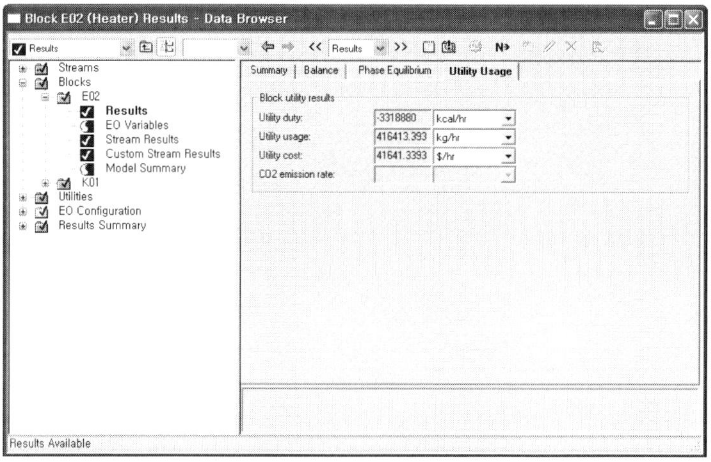

[그림 3.11.7] 냉매 응축기 전산모사 결과를 나타낸 윈도우 화면(2)

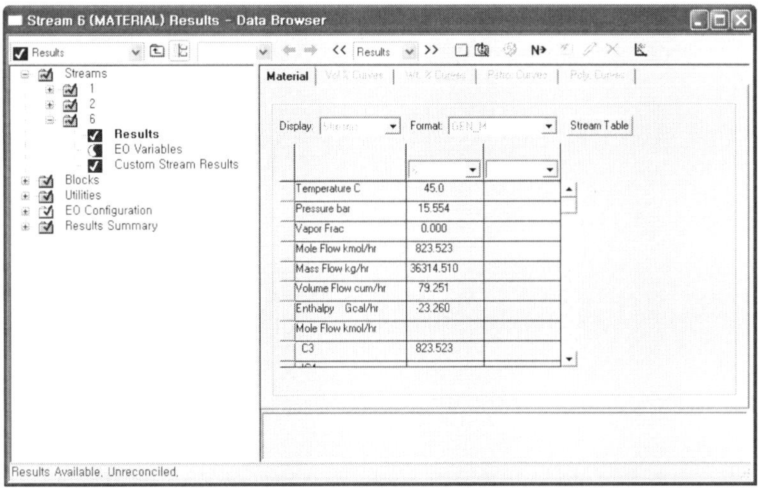

[그림 3.11.8] 냉매 응축기 후단의 온도를 나타낸 윈도우 화면

이제 아래의 [표 3.11.1]에 프로판 냉매를 이용한 냉동 사이클을 스텝별로 전산모사를 수행한 결과를 요약하여 나타내었다.

[표 3.11.1] 프로판 냉매를 이용한 냉동 사이클에 대한 스텝별 전산모사 결과

Step	Item	Results
1	증발기의 heat duty	1.7583185×10^6 Kcal/hr
1	증발기로 주입되는 냉매 유량(1)	17,108.7115 Kg/hr
2	냉매 압축기 후단 압력	15.5542873 bar
3	팽창밸브 후단 압력	1.09746267 bar
4	증발기로 주입되는 냉매 유량(2)	17,108.8538 Kg/hr
5	냉매 총 순환유량	36,314.51 Kg/hr
6	압축기 소요동력	1,814.95227 kW
6	압축기 후단온도	85.024654 °C
7	응축기 heat duty	-3.31888×10^6 Kcal/hr
8	냉각수 소모유량	416,413.393 Kg/hr

3.12 전체 냉동 사이클의 구성

앞의 절들에서는 단계별로 프로판 냉동 사이클에 대한 전산모사 작업을 수행하였다. 이제는 냉매 압축식 냉동 사이클 전체를 하나의 전산모사 파일로 구성하여 전산모사를 수행하고, 각 스텝별로 계산한 위의 [표 3.11.1]의 모사 결과와 비교해 보도록 한다.

예제 3.12.1 프로판 냉매를 이용한 전체 냉동 사이클의 전산모사

우선 증기 재압축을 이용한 냉동 사이클에 대한 전산모사를 수행해 본다. 문제의 조건을 3.12절에 나타낸 [표 3.12.1]과 같다.

[표 3.12.1] LPG 저장조에서 발생하는 Boil-off gas의 조건

Component	Composition
Propane	7.80 mole%
Iso-butane	43.12 mole%
Normal butane	49.08 mole%
Flow rate	15,078 Kg/hr
In/Out temperature	25°C/−30°C
In/Out pressure	1.2bar/1.2bar
Refrigerant	Pure propane
Supply temperature	−40°C
Second refrigerant	Cooling water
In/Out temperature	32°C/40°C

풀이

우선 이 문제를 해결하기 위해서 다음의 [그림 3.12.1]에 같이 전체 냉동 사이클에 대한 공정도를 완성한다. [그림 3.12.1]에서 냉동 사이클 계산의 출발점은 두 군데에서 시작된다. 첫 번째는 1번 스트림이고, 두 번째는 LPGIN 스트림이다. 첫 번째 1번 스트림은 프로판 냉매에 대한 것이고, LPGIN 스트림은 응축하여야 할 LPG 입력 조건을 나타낸 것이다. [그림 3.12.1]에서 주목해야 할 점은 바로 냉매 증발기를 E01과 E01-1의 두 개를 작성하였으며, "Heat stream"에 해당하는 "Q"로 나타낸 것이다. 이것의 의미는 다음과 같다. 즉, LPG를 25°C에서 −30°C까지 냉각시키는데 필요한 "Cold heat duty"를 E01 열교환기에 가해주는 것을 의미한다. 실제로 E01-1에서는 열을 제거해 주어야 하므로 Cold heat에 해당한다. [그림 3.12.2]와 [그림 3.12.3]에는 프로판 냉매 기상류와 LPG의 입력조건을 나타내었다. 나머지 장치류인 냉매 압축기와 응축기, 팽창밸브 및 기-액 분리기에 대한 입력조건은 개별적인 전산모사와 동일하다. 그리고 E01 열교환기에 대한 입력조건은 다음 [그림 3.12.4]에 나타내었다.

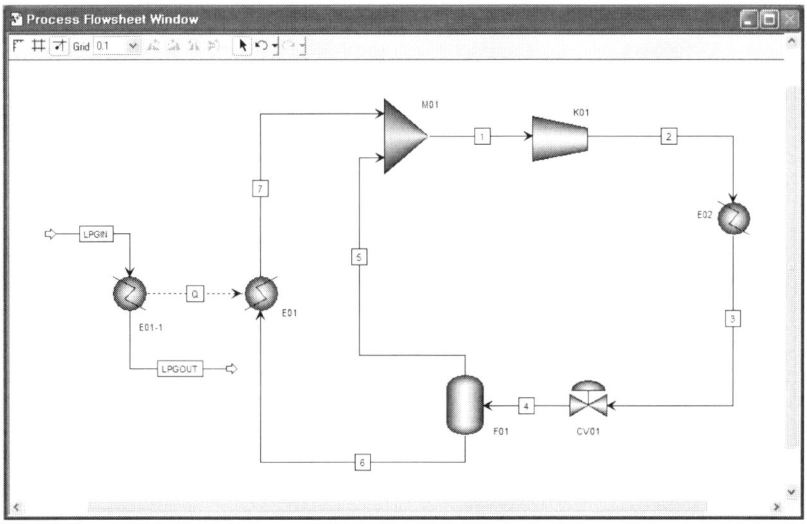

[그림 3.12.1] 냉매 재응축을 이용한 냉동 사이클에 대한 구성을 나타낸 윈도우 화면

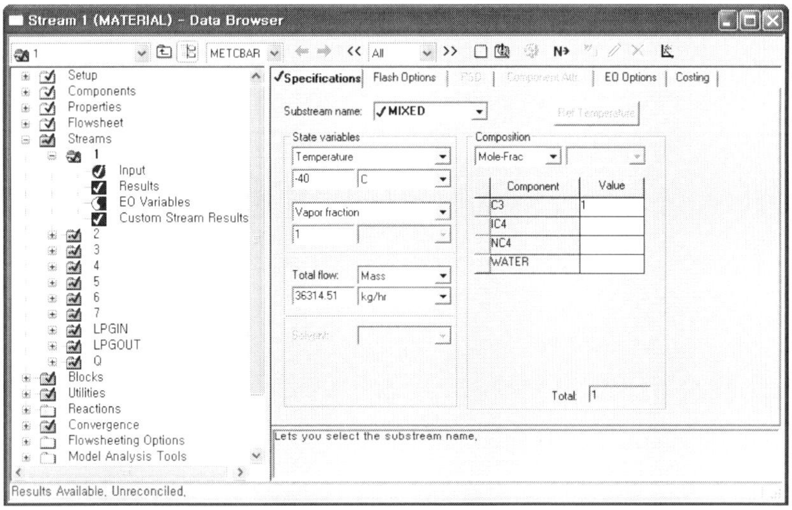

[그림 3.12.2] 프로판 냉매 증기의 유량과 조건을 입력한 윈도우 화면

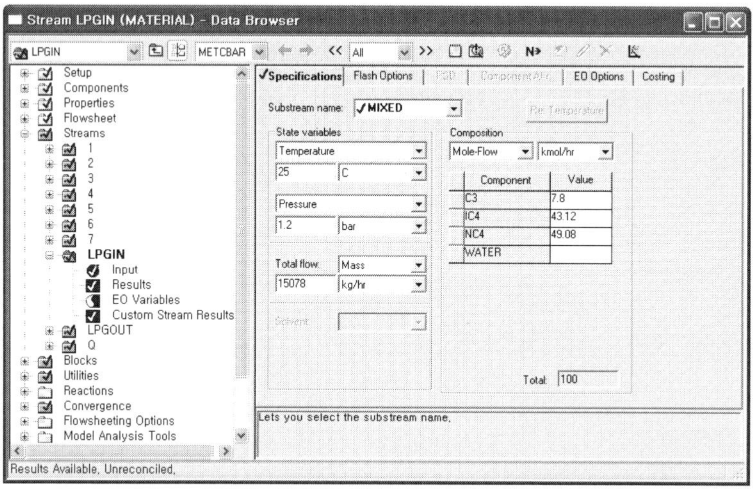

[그림 3.12.3] LPG 입력조건을 입력한 윈도우 화면

아래의 [그림 3.12.4]와 같이 냉매 증발기에 대한 입력 조건으로써 "Pressure" 박스에 0만을 입력하였다. 압력이 0이라는 것은 진공상태라는 것이 아니라 여기에서는 압력강하를 의미한다. 즉, 냉매 증발기에서 압력강하는 무시한다는 뜻이다. 실제로 냉매 증발기에서의 압력강하는 거의 없다.

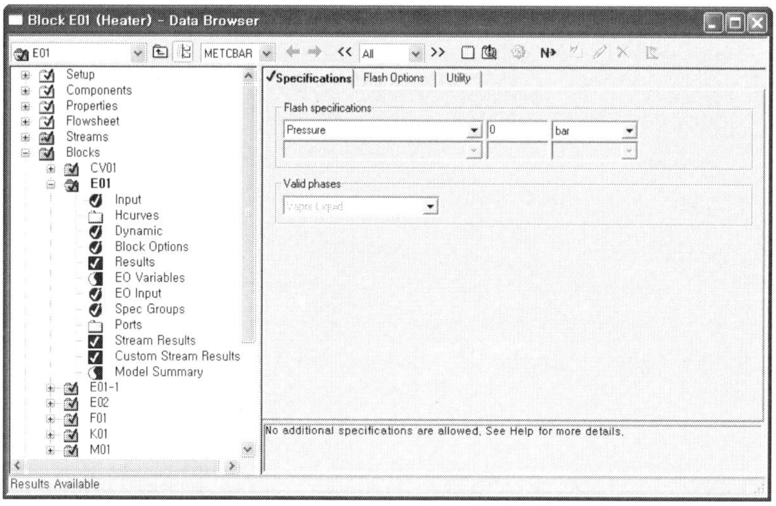

[그림 3.12.4] 냉매 증발기의 입력 조건을 지정한 윈도우 화면

아래의 [표 3.12.2]에는 앞 절의 [표 3.11.1]에 나타낸 개별적으로 냉동 사이클에 대한 전산모사를 통해서 결정한 사항들과 전체를 한 번에 묶어서 전산모사를 수행한 결과를 서로 비교하여 나타내었다. 대부분의 스텝에서 개별적으로 수행한 결과와 전체를 한번에 수행한 결과가 완전히 일치하거나 거의 유사한 값을 나타낸다. 그런데 스텝 1의 증발기로 주입되는 냉매 유량에 대해서 기입하지 않았는데 그 이유는 E01에서 프로판 냉매와 연결되어 있기 때문에 "Heater"내에 내장되어 있는 "Utility" 기능을 사용할 수 없기 때문이다.

[표 3.12.2] 프로판 냉매를 이용한 냉동 사이클에 대한 스텝별 전산모사 결과와 전체 냉동 사이클에 대한 전산모사 결과 사이의 비교

Step	Item	스텝별 결과	전체 냉동사이클에 대한 결과
1	증발기의 heat duty	1.7583185×10^6 Kcal/hr	1.7583185×10^6 Kcal/hr
1	증발기로 주입되는 냉매 유량(1)	17,108.7115 Kg/hr	1–
2	냉매 압축기 후단 압력	15.5542873 bar	15.5542873 bar
3	팽창밸브 후단 압력	1.09746267 bar	1.09746267 bar
4	증발기로 주입되는 냉매 유량(2)	17,108.8538 Kg/hr	17,109.242 Kg/hr
5	냉매 총 순환유량	36,314.51 Kg/hr	36,314.50 Kg/hr
6	압축기 소요동력	1,814.95227 kW	1,814.9089 kW
6	압축기 후단온도	85.024654 °C	85.0193782 °C
7	응축기 heat duty	-3.31888×10^6 Kcal/hr	-3.3188531×10^6 Kcal/hr
7	냉각수 소모유량	416,413.393 Kg/hr	416,41.0017 Kg/hr

3.13 혼합냉매 냉동 사이클의 전산모사

지금까지는 순수한 프로판 성분을 냉매로 간주하고 증기 재압축을 이용한 냉동 사이클에 대한 전산모사를 수행하였다. 그런데 화학공정에서 사용하는 모든 프로판 냉매는 100% 순수한 프로판 냉매가 아니라 미량의 에탄 성분과 부탄 성분이 함유되어 있다.

예제 3.13.1 **혼합냉매 냉동 사이클의 전산모사**

우선 아래의 [표 3.13.1]에 나타낸 것은 과 같다. 그리고 냉각을 해야 할 LPG의 조성을 앞의 [표 3.13.1]과 동일하다.

[표 3.13.1] 혼합 프로판 냉매의 조성

Component	Composition
Ethane	0.50 mole%
Propane	98.50 mole%
Iso-butane	0.50 mole%
Normal Butane	0.50 mole%
Supply temperature	−40°C
Second refrigerant	Cooling water
In/Out temperature	32°C/40°C

풀이

우선 완전히 순수성분 냉매의 경우와 약간의 불순물이 포함된 혼합냉매의 차이를 이해할 필요가 있다. 우선 순수성분 냉매의 경우에는 냉매 증발기로 주입되는 액상 냉매의 온도와 증발기를 나가는 증기상 냉매의 온도가 같다. 하지만 혼합냉매의 경우에는 증발기로 주입되는 온도보다 유출되는 온도가 약간 높다. 여기에서는 [그림 3.13.1]의 1번 스트림의 유량을 변화시켜서 7번 스트림에서 액상분율을 0(또는 증기상의 분율을 1)로 맞추도록 하였다. 이것은 "Flowsheet options"에서 "Design spec." 기능을 활용하였다. 아래 [그림 3.13.1]을 보면 Spec1을 정의하여 이것은 스트림 7번의 "Liquid fraction" 값을 지정하도록 하였다.

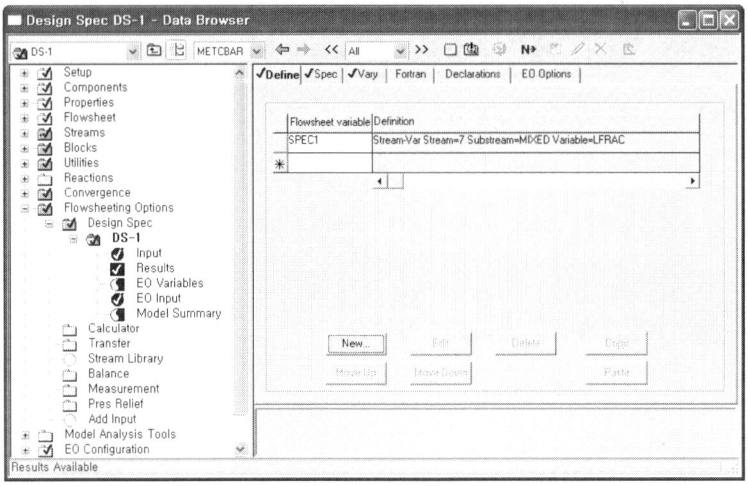

[그림 3.13.1] "Design spec."에서 "Spec."을 정의한 화면

또한 [그림 3.13.2]에서는 Spec1의 값을 0으로 지정하였으며, 오차허용한계를 0.00001로 두었다. 그리고 다음의 [그림 3.13.3]에서는 이러한 Spec.을 맞추기 위해서 1번 스트림의 질량유량을 변화시키도록 하였다.

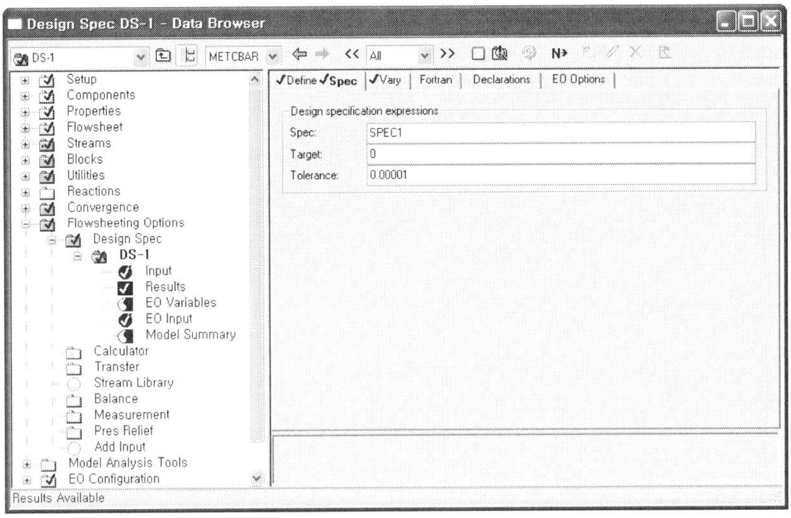

[그림 3.13.2] "Design spec."에서 "Spec1"의 값과 오차허용한계를 나타낸 윈도우 화면

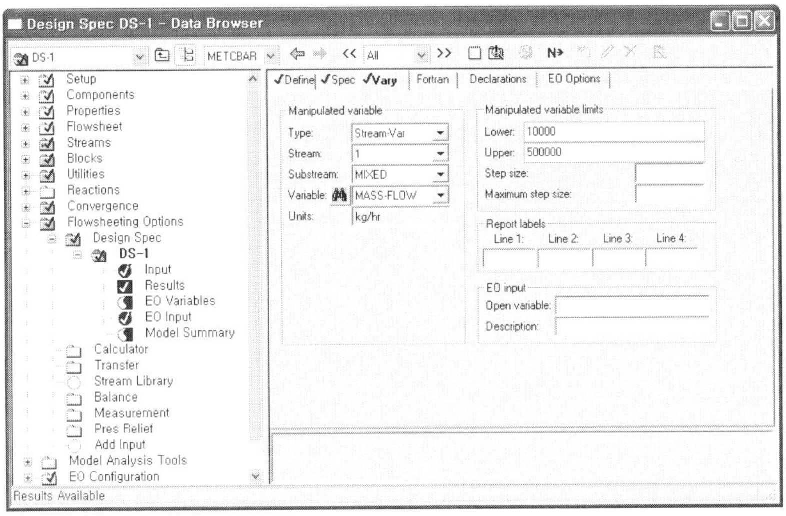

[그림 3.13.3] "Design spec."에서 "Vary" 탭에 1번 스트림의 질량유량을 변화시키도록 지정한 윈도우 화면

제 4장
몇 가지 냉매에 적용한 LNG 1톤에 함유된 냉열 가격

4.1 온도대별 각종 냉매의 공급 온도

단일 냉동에 의한 증기 재압축 냉동 사이클을 이용한 냉매의 공급온도는 냉매의 종류에 따라서 달라진다. 압축기 후단의 압력은 압력강하를 무시할 경우에 냉매 응축기 후단에서 냉각수를 이용하여 냉각할 수 있는 온도인 45℃에서 충분히 액화가 일어나야 하기 때문에 주어진 냉매의 45℃에서 기포점 압력과 같아진다. 또한 냉매의 공급온도는 냉매 증발기로 주입되는 냉매의 온도인데 이것은 대기압보다 약간 높은 압력에서 냉매의 포화온도와 같아진다. 역시 압력강하를 무시할 경우 줄-톰슨 팽창밸브 후단의 압력은 대기압보다 약간 높은 정도이므로 냉매의 공급온도는 주어진 냉매의 표준 끓는점보다 약간 높은 정도가 될 것이다. 아래의 [표 4.1.1]에는 26개의 냉매에 대해서 Difluoroethane 성분에서부터 끓는점이 -51.65℃인 Difluoromethane 성분까지 각 성분의 표준 끓는점과 냉매의 공급온도에 해당하는 줄-톰슨 팽창밸브 후단의 압력인 1.2 bar에서의 포화 온도 및 냉매 응축기에서의 압력인 45℃에서 냉매의 기포점 압력을 나타내었다.

이번 장에서는 다음의 [표 4.1.1]에서 나열한 모든 냉매에 대한 증기 재압축 냉동 사이클에 대한 전산모사를 수행하였다. 냉매 압축기에서 소요되는 동력을 냉매 별로 다음 절에서 모두 추산하였다.

[표 4.1.1] 각종 냉매의 끓는점 별로 분류한 냉매의 공급 온도 및 압축기 후단압력

ID	Component	Formula	NBP(°C)	1.2 bar에서 포화온도(°C)	45°C에서 기포점 압력 (bar)
1	R152	$C_2H_4F_2$	10.50	15.147	3.157
2	R21	$CHFCl_2$	8.90	12.948	3.421
3	R133a	$C_2H_2F_3Cl$	6.10	10.657	3.647
4	R600	C_4H_{10}	−0.50	4.055	4.335
5	R12b1	$CBrClF_2$	−4.01	0.520	4.871
6	R630	CH_3NH_2	−6.33	−3.331	4.641
7	R764	SO_2	−10.02	−7.148	7.386
8	R600a	$I-C_4H_{10}$	−11.72	−7.515	6.040
9	R124	C_2HF_4Cl	−12.10	−8.074	6.700
10	R134	$C_2H_2F_4$	−23.00	−17.757	9.619
11	R40	CH_3Cl	−24.22	−20.201	9.845
12	RE170	CH_3OCH_3	−24.84	−20.885	10.163
13	R152a	$C_2H_4F_2$	−25.80	−21.170	10.586
14	R134a	$C_2H_2F_4$	−26.00	−22.257	11.604
15	R1113	C_2ClF_3	−27.85	−22.991	11.013
16	R1234yf	$C_3H_2F_4$	−29.42	−25.438	11.548
17	R12	CCl_2F_2	−29.79	−25.751	10.826
18	R717	NH_3	−33.43	−29.710	17.739
19	R161	C_2H_5F	−37.70	−33.562	15.410
20	R115	C_2F_5Cl	−39.11	−35.285	14.996
21	R22	$CHClF_2$	−40.83	−37.197	17.242
22	R290	C_3H_8	−42.04	−38.258	15.385
23	R143	$C_2H_3F_3$	−47.40	−43.524	16.244
24	R1270	C_3H_6	−47.69	−44.117	18.523
25	R125	C_2HF_5	−48.00	−44.560	22.574
26	R32	CH_2F_2	−51.65	−48.261	28.309

4.2 0.5x10^6 kcal/h의 냉매 증발기에 필요한 냉매별 압축기 소요 동력 추산

이번 절에서는 냉매 증발기의 heat duty가 0.5x10^6 kcal/h가 되는 증기 재압축 냉동 사이클에 대한 전산모사를 표 4.1.1에 열거한 모든 순수성분 냉매에 대해서 PRO/II를 이용하여 수행하였다.

4.2.1 R152(C2H4F2) 냉매를 이용한 증기 재압축 냉동 사이클의 전산모사

이번 절에서는 R152 냉매를 이용한 증기 재압축 냉동 사이클에 대한 전산모사를 수행하였다. 아래의 [표 4.2.1]에는 증기 재압축 냉동 사이클에 대한 전산모사에 필요한 조건들을 제시하였다.

[표 4.2.1] R152 냉매를 이용한 증기 재압축 냉동 사이클에 대한 전산모사 조건

항목	값
냉매의 표준 끓는점	10.50°C
냉매 증발기 heat duty	0.50×10^6 kcal/h
압축기 효율	70%
줄-톰슨 팽창밸브 후단 압력	1.2 bar
냉각수 공급 온도	32°C
냉각수 회수 온도	40°C
냉매 응축기 후단 온도	45°C

아래의 [그림 4.2.1]에는 R152 냉매를 이용한 증기 재압축 냉동 사이클에 대한 PRO/II를 활용한 전산모사 플로우쉬트를 나타내었다. 아래의 [표 4.2.2]에는 R152 냉매를 이용한 증기 재압축 냉동 사이클에 대한 전산모사 결과를 요약 정리하였다. [표 4.2.2]에 의하면 압축기 후단의 압력이 3.157 bar로 압축비는 2.6308로 충분히 단일 압축기의 사용이 가능하다. 압축기 소요동력은 94.3 kW이며, 압축기 후단의 온도는 66.7°C이다. 냉매 증발기로 주입되는 냉매의 질량유량은 5,774.3 kg/h로 냉매 1 kg 당 잠열은 36.59 kcal/kg이다. 냉매 응축기의 heat duty는 0.5811×10^6 kcal/h이며 냉각수 소모량은 72.6 ton/h이다.

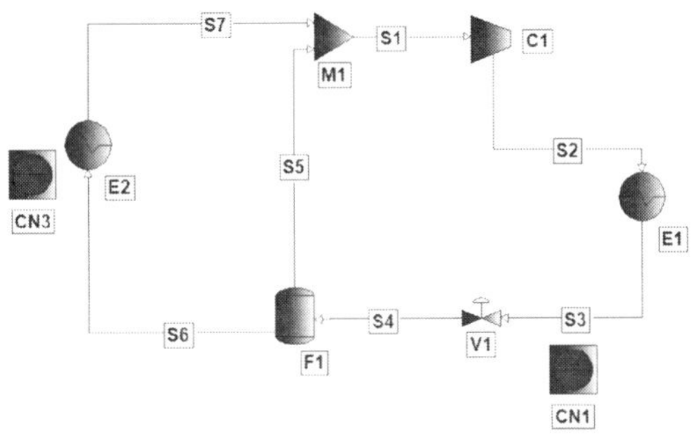

[그림 4.2.1] R152 냉매에 적용한 증기 재압축 냉동 사이클에 대한 PRO/II 플로우쉬트

[표 4.2.2] R152 냉매를 이용한 증기 재압축 냉동 사이클에 대한 전산모사 결과

항목	값
압축기 후단 압력	3.157 bar
압축비	2.6308
팽창밸브 후단 압력	1.2 bar
냉매 증발기로 주입되는 냉매 유량	5,774.3 kg/h
냉매 1 kg 당 잠열	86.59 kcal/kg
냉매 총 순환유량	6,706.2 kg/h
압축기 소요동력	94.3 kW
압축기 후단 온도	66.7°C
냉매 응축기 heat duty	$0.5811 x 10^6$ kcal/h
냉각수 소모량	72.6 ton/h

4.2.2 R21(CHFCl2) 냉매를 이용한 증기 재압축 냉동 사이클의 전산모사

이번 절에서는 R21 냉매를 이용한 증기 재압축 냉동 사이클에 대한 전산모사를 수행하였다. 아래의 [표 4.2.3]에는 R21 냉매를 이용한 증기 재압축 냉동 사이클에 대한 전산모사 결과를 요약 정리하였다. 표 4.2.3에 의하면 압축기 후단의 압력이 3.421 bar로 압축비는 2.8508로 충분히 단일 압축기의 사용이 가능하다. 압축기 소요동력은 102.2 kW이며, 압축기 후단의 온도는 74.9°C이다. 냉매 증발기로 주입되는 냉매의 질량유량은 3,932.8 kg/h로 냉매 1 kg 당 잠열은 127.14 kcal/kg이다. 냉매 응축기의 heat duty는 $0.5879 x 10^6$ kcal/h이며 냉각수 소모량은 73.5 ton/h이다.

[표 4.2.3] R21 냉매를 이용한 증기 재압축 냉동 사이클에 대한 전산모사 결과

항목	값
압축기 후단 압력	3.421 bar
압축비	2.8508
팽창밸브 후단 압력	1.2 bar
냉매 증발기로 주입되는 냉매 유량	8,932.8 kg/h
냉매 1 kg 당 잠열	127.14 kcal/kg
냉매 총 순환유량	10,342.1 kg/h
압축기 소요동력	102.2 kW
압축기 후단 온도	74.9°C
냉매 응축기 heat duty	$0.5879 x 10^6$ kcal/h
냉각수 소모량	73.5 ton/h

4.2.3 R133a(C2H2F3Cl) 냉매를 이용한 증기 재압축 냉동 사이클의 전산모사

이번 절에서는 R133a 냉매를 이용한 증기 재압축 냉동 사이클에 대한 전산모사를 수행하였다. 아래의 [표 4.2.4]에는 R133a 냉매를 이용한 증기 재압축 냉동 사이클에 대한 전산모사 결과를 요약 정리하였다. [표 4.2.4]에 의하면 압축기 후단의 압력이 3.647 bar로 압축비는 3.0392로 충분히 단일 압축기의 사용이 가능하다. 압축기 소요동력은 114.7 kW이며, 압축기 후단의 온도는 56.2°C이다. 냉매 증발기로 주입되는 냉매의 질량유량은 10,556.2 kg/h로 냉매 1 kg 당 잠열은 47.36 kcal/kg이다. 냉매 응축기의 heat duty는 0.5986×10^6 kcal/h이며 냉각수 소모량은 74.8 ton/h이다.

[표 4.2.4] R133a 냉매를 이용한 증기 재압축 냉동 사이클에 대한 전산모사 결과

항목	값
압축기 후단 압력	3.647 bar
압축비	3.0392
팽창밸브 후단 압력	1.2 bar
냉매 증발기로 주입되는 냉매 유량	10,556.2 kg/h
냉매 1 kg 당 잠열	47.36 kcal/kg
냉매 총 순환유량	13,164.3 kg/h
압축기 소요동력	114.7 kW
압축기 후단 온도	56.2°C
냉매 응축기 heat duty	0.5986×10^6 kcal/h
냉각수 소모량	74.8 ton/h

4.2.4 R600(C4H10) 냉매를 이용한 증기 재압축 냉동 사이클의 전산모사

이번 절에서는 R600 냉매를 이용한 증기 재압축 냉동 사이클에 대한 전산모사를 수행하였다. 아래의 [표 4.2.5]에는 R600 냉매를 이용한 증기 재압축 냉동 사이클에 대한 전산모사 결과를 요약 정리하였다. [표 4.2.5]에 의하면 압축기 후단의 압력이 4.335 bar로 압축비는 3.6125로 충분히 단일 압축기의 사용이 가능하다. 압축기 소요동력은 147.3 kW이며, 압축기

후단의 온도는 51.2°C이다. 냉매 증발기로 주입되는 냉매의 질량유량은 5,476.0 kg/h로 냉매 1 kg 당 잠열은 91.31 kcal/kg이다. 냉매 응축기의 heat duty는 0.6267x10^{6} kcal/h이며 냉각수 소모량은 78.3 ton/h이다.

[표 4.2.5] R600 냉매를 이용한 증기 재압축 냉동 사이클에 대한 전산모사 결과

항목	값
압축기 후단 압력	4.335 bar
압축비	3.6125
팽창밸브 후단 압력	1.2 bar
냉매 증발기로 주입되는 냉매 유량	5,476.0 kg/h
냉매 1 kg 당 잠열	91.31 kcal/kg
냉매 총 순환유량	7,396.8 kg/h
압축기 소요동력	147.3 kW
압축기 후단 온도	51.2°C
냉매 응축기 heat duty	0.6267x10^{6} kcal/h
냉각수 소모량	78.3 ton/h

4.2.5 R12b1(CBrClF2) 냉매를 이용한 증기 재압축 냉동 사이클의 전산모사

이번 절에서는 R12b1 냉매를 이용한 증기 재압축 냉동 사이클에 대한 전산모사를 수행하였다. 아래의 [표 4.2.6]에는 R12b1 냉매를 이용한 증기 재압축 냉동 사이클에 대한 전산모사 결과를 요약 정리하였다. [표 4.2.6]에 의하면 압축기 후단의 압력이 4.870 bar로 압축비는 4.0583으로 충분히 단일 압축기의 사용이 가능하다. 압축기 소요동력은 158.7 kW이며, 압축기 후단의 온도는 68.1°C이다. 냉매 증발기로 주입되는 냉매의 질량유량은 15,642.8 kg/h로 냉매 1 kg 당 잠열은 31.96 kcal/kg이다. 냉매 응축기의 heat duty는 0.6365x10^{6} kcal/h이며 냉각수 소모량은 79.6 ton/h이다.

[표 4.2.6] R12b1 냉매를 이용한 증기 재압축 냉동 사이클에 대한 전산모사 결과

항목	값
압축기 후단 압력	4.870 bar
압축비	4.0583
팽창밸브 후단 압력	1.2 bar
냉매 증발기로 주입되는 냉매 유량	15,642.8 kg/h
냉매 1 kg 당 잠열	31.96 kcal/kg
냉매 총 순환유량	20,375.3 kg/h
압축기 소요동력	158.7 kW
압축기 후단 온도	68.1°C
냉매 응축기 heat duty	$0.6365 x 10^6$ kcal/h
냉각수 소모량	79.6 ton/h

4.2.6 R630(CH3NH2) 냉매를 이용한 증기 재압축 냉동 사이클의 전산모사

이번 절에서는 R630 냉매를 이용한 증기 재압축 냉동 사이클에 대한 전산모사를 수행하였다. 아래의 [표 4.2.7]에는 R630 냉매를 이용한 증기 재압축 냉동 사이클에 대한 전산모사 결과를 요약 정리하였다. [표 4.2.7]에 의하면 압축기 후단의 압력이 6.641 bar로 압축비는 5.5342으로 충분히 단일 압축기의 사용이 가능하다. 압축기 소요동력은 174.2 kW이며, 압축기 후단의 온도는 110.3°C이다. 냉매 증발기로 주입되는 냉매의 질량유량은 2,587.3 kg/h로 냉매 1 kg 당 잠열은 193.25 kcal/kg이다. 냉매 응축기의 heat duty는 $0.6497 x 10^6$ kcal/h이며 냉각수 소모량은 81.2 ton/h이다.

[표 4.2.7] R630 냉매를 이용한 증기 재압축 냉동 사이클에 대한 전산모사 결과

항목	값
압축기 후단 압력	6.641 bar
압축비	5.5342
팽창밸브 후단 압력	1.2 bar
냉매 증발기로 주입되는 냉매 유량	2,587.3 kg/h
냉매 1 kg 당 잠열	193.25 kcal/kg
냉매 총 순환유량	3,209.3 kg/h
압축기 소요동력	174.2 kW
압축기 후단 온도	110.3°C
냉매 응축기 heat duty	$0.6497 x 10^6$ kcal/h
냉각수 소모량	81.2 ton/h

4.2.7 R764(SO2) 냉매를 이용한 증기 재압축 냉동 사이클의 전산모사

이번 절에서는 R764 냉매를 이용한 증기 재압축 냉동 사이클에 대한 전산모사를 수행하였다. 아래의 [표 4.2.8]에는 R630 냉매를 이용한 증기 재압축 냉동 사이클에 대한 전산모사 결과를 요약 정리하였다. 표 4.2.8에 의하면 압축기 후단의 압력이 7.386 bar로 압축비는 6.1550으로 충분히 단일 압축기의 사용이 가능하다. 압축기 소요동력은 196.7 kW이며, 압축기 후단의 온도는 161.3°C이다. 냉매 증발기로 주입되는 냉매의 질량유량은 5,495.5 kg/h로 냉매 1 kg 당 잠열은 90.98 kcal/kg이다. 냉매 응축기의 heat duty는 0.6691×10^6 kcal/h 이며 냉각수 소모량은 83.6 ton/h이다.

[표 4.2.8] R764 냉매를 이용한 증기 재압축 냉동 사이클에 대한 전산모사 결과

항목	값
압축기 후단 압력	7.386 bar
압축비	6.1550
팽창밸브 후단 압력	1.2 bar
냉매 증발기로 주입되는 냉매 유량	5,495.5 kg/h
냉매 1 kg 당 잠열	90.98 kcal/kg
냉매 총 순환유량	6,707.1 kg/h
압축기 소요동력	196.7 kW
압축기 후단 온도	161.3°C
냉매 응축기 heat duty	0.6691×10^6 kcal/h
냉각수 소모량	83.6 ton/h

4.2.8 R600a(Iso-C4H10) 냉매를 이용한 증기 재압축 냉동 사이클의 전산모사

이번 절에서는 R600a 냉매를 이용한 증기 재압축 냉동 사이클에 대한 전산모사를 수행하였다. 아래의 [표 4.2.9]에는 R600a 냉매를 이용한 증기 재압축 냉동 사이클에 대한 전산모사 결과를 요약 정리하였다. [표 4.2.9]에 의하면 압축기 후단의 압력이 6.040 bar로 압축비는 5.0333으로 충분히 단일 압축기의 사용이 가능하다. 압축기 소요동력은 214.6 kW이며, 압축

기 후단의 온도는 52.9℃이다. 냉매 증발기로 주입되는 냉매의 질량유량은 5,827.4 kg/h로 냉매 1 kg 당 잠열은 35.80 kcal/kg이다. 냉매 응축기의 heat duty는 0.6845x10^6 kcal/h 이며 냉각수 소모량은 85.6 ton/h이다.

[표 4.2.9] R600a 냉매를 이용한 증기 재압축 냉동 사이클에 대한 전산모사 결과

항목	값
압축기 후단 압력	6.040 bar
압축비	5.0333
팽창밸브 후단 압력	1.2 bar
냉매 증발기로 주입되는 냉매 유량	5,827.4 kg/h
냉매 1 kg 당 잠열	85.80 kcal/kg
냉매 총 순환유량	8,897.5 kg/h
압축기 소요동력	214.6 kW
압축기 후단 온도	52.9°C
냉매 응축기 heat duty	0.6845x10^6 kcal/h
냉각수 소모량	85.6 ton/h

4.2.9 R134(C2H2F4) 냉매를 이용한 증기 재압축 냉동 사이클의 전산모사

이번 절에서는 R134 냉매를 이용한 증기 재압축 냉동 사이클에 대한 전산모사를 수행하였다. 아래의 [표 4.2.10]에는 R134 냉매를 이용한 증기 재압축 냉동 사이클에 대한 전산모사 결과를 요약 정리하였다. [표 4.2.10]에 의하면 압축기 후단의 압력이 9.619 bar로 압축비는 8.0518으로 충분히 단일 압축기의 사용이 가능하다. 압축기 소요동력은 233.0 kW이며, 압축기 후단의 온도는 64.4℃이다. 냉매 증발기로 주입되는 냉매의 질량유량은 9,693.7 kg/h로 냉매 1 kg 당 잠열은 51.58 kcal/kg이다. 냉매 응축기의 heat duty는 0.7434x10^6 kcal/h 이며 냉각수 소모량은 92.9 ton/h이다.

[표 4.2.10] R134 냉매를 이용한 증기 재압축 냉동 사이클에 대한 전산모사 결과

항목	값
압축기 후단 압력	9.619 bar
압축비	8.0158
팽창밸브 후단 압력	1.2 bar
냉매 증발기로 주입되는 냉매 유량	9,693.7 kg/h
냉매 1 kg 당 잠열	51.58 kcal/kg
냉매 총 순환유량	16,104.2 kg/h
압축기 소요동력	283.0 kW
압축기 후단 온도	64.4°C
냉매 응축기 heat duty	0.7434×10^6 kcal/h
냉각수 소모량	92.9 ton/h

4.2.10 R40(CH3Cl) 냉매를 이용한 증기 재압축 냉동 사이클의 전산모사

이번 절에서는 R40 냉매를 이용한 증기 재압축 냉동 사이클에 대한 전산모사를 수행하였다. 아래의 [표 4.2.11]에는 R40 냉매를 이용한 증기 재압축 냉동 사이클에 대한 전산모사 결과를 요약 정리하였다. 표 4.2.11에 의하면 압축기 후단의 압력이 9.619 bar로 압축비는 8.0518으로 충분히 단일 압축기의 사용이 가능하다. 압축기 소요동력은 233.0 kW이며, 압축기 후단의 온도는 64.4°C이다. 냉매 증발기로 주입되는 냉매의 질량유량은 9,693.7 kg/h로 냉매 1 kg 당 잠열은 51.58 kcal/kg이다. 냉매 응축기의 heat duty는 0.7434×10^6 kcal/h이며 냉각수 소모량은 92.9 ton/h이다.

[표 4.2.11] R40 냉매를 이용한 증기 재압축 냉동 사이클에 대한 전산모사 결과

항목	값
압축기 후단 압력	9.845 bar
압축비	8.2042
팽창밸브 후단 압력	1.2 bar
냉매 증발기로 주입되는 냉매 유량	4,951.1 kg/h
냉매 1 kg 당 잠열	100.99 kcal/kg
냉매 총 순환유량	6,499.7 kg/h
압축기 소요동력	271.8 kW
압축기 후단 온도	161.4°C
냉매 응축기 heat duty	0.7337×10^6 kcal/h
냉각수 소모량	91.7 ton/h

4.2.11 RE170(CH3OCH3) 냉매를 이용한 증기 재압축 냉동 사이클의 전산모사

이번 절에서는 RE170 냉매를 이용한 증기 재압축 냉동 사이클에 대한 전산모사를 수행하였다. 아래의 [표 4.2.12]에는 RE170 냉매를 이용한 증기 재압축 냉동 사이클에 대한 전산모사 결과를 요약 정리하였다. [표 4.2.12]에 의하면 압축기 후단의 압력이 10.163 bar로 압축비는 8.6492으로 충분히 단일 압축기의 사용이 가능하다. 압축기 소요동력은 284.4 kW이며, 압축기 후단의 온도는 92.8°C이다. 냉매 증발기로 주입되는 냉매의 질량유량은 4,525.3 kg/h로 냉매 1 kg 당 잠열은 110.49 kcal/kg이다. 냉매 응축기의 heat duty는 0.7446×10^6 kcal/h이며 냉각수 소모량은 93.1 ton/h이다.

[표 4.2.12] R40 냉매를 이용한 증기 재압축 냉동 사이클에 대한 전산모사 결과

항목	값
압축기 후단 압력	10.163 bar
압축비	8.6492
팽창밸브 후단 압력	1.2 bar
냉매 증발기로 주입되는 냉매 유량	4,525.3 kg/h
냉매 1 kg 당 잠열	110.49 kcal/kg
냉매 총 순환유량	6,797.6 kg/h
압축기 소요동력	284.4 kW
압축기 후단 온도	92.8°C
냉매 응축기 heat duty	0.7446×10^6 kcal/h
냉각수 소모량	93.1 ton/h

4.2.12 R152a(C2H4F2) 냉매를 이용한 증기 재압축 냉동 사이클의 전산모사

이번 절에서는 R152a 냉매를 이용한 증기 재압축 냉동 사이클에 대한 전산모사를 수행하였다. 아래의 [표 4.2.13]에는 R152a 냉매를 이용한 증기 재압축 냉동 사이클에 대한 전산모사 결과를 요약 정리하였다. [표 4.2.13]에 의하면 압축기 후단의 압력이 10.586 bar로 압축비는 8.8217으로 충분히 단일 압축기의 사용이 가능하다. 압축기 소요동력은 295.3 kW이며,

압축기 후단의 온도는 91.1°C이다. 냉매 증발기로 주입되는 냉매의 질량유량은 6,415.9 kg/h로 냉매 1 kg 당 잠열은 77.93 kcal/kg이다. 냉매 응축기의 heat duty는 0.7539x10^{6} kcal/h이며 냉각수 소모량은 94.2 ton/h이다.

[표 4.2.13] R152a 냉매를 이용한 증기 재압축 냉동 사이클에 대한 전산모사 결과

항목	값
압축기 후단 압력	10.586 bar
압축비	8.8217
팽창밸브 후단 압력	1.2 bar
냉매 증발기로 주입되는 냉매 유량	6,415.9 kg/h
냉매 1 kg 당 잠열	77.93 kcal/kg
냉매 총 순환유량	10,045.9 kg/h
압축기 소요동력	295.3 kW
압축기 후단 온도	91.1°C
냉매 응축기 heat duty	0.7539x10^{6} kcal/h
냉각수 소모량	94.2 ton/h

4.2.13 R134a(C2H2F4) 냉매를 이용한 증기 재압축 냉동 사이클의 전산모사

이번 절에서는 R134a 냉매를 이용한 증기 재압축 냉동 사이클에 대한 전산모사를 수행하였다. 아래의 [표 4.2.14]에는 R134a 냉매를 이용한 증기 재압축 냉동 사이클에 대한 전산모사 결과를 요약 정리하였다. [표 4.2.14]에 의하면 압축기 후단의 압력이 10.586 bar로 압축비는 8.8217으로 충분히 단일 압축기의 사용이 가능하다. 압축기 소요동력은 295.3 kW이며, 압축기 후단의 온도는 91.1°C이다. 냉매 증발기로 주입되는 냉매의 질량유량은 6,415.9 kg/h로 냉매 1 kg 당 잠열은 77.93 kcal/kg이다. 냉매 응축기의 heat duty는 0.7539x10^{6} kcal/h이며 냉각수 소모량은 94.2 ton/h이다.

[표 4.2.14] R134a 냉매를 이용한 증기 재압축 냉동 사이클에 대한 전산모사 결과

항목	값
압축기 후단 압력	11.604 bar
압축비	9.6700
팽창밸브 후단 압력	1.2 bar
냉매 증발기로 주입되는 냉매 유량	9,701.8 kg/h
냉매 1 kg 당 잠열	51.54 kcal/kg
냉매 총 순환유량	17,317.8 kg/h
압축기 소요동력	327.8 kW
압축기 후단 온도	72.2°C
냉매 응축기 heat duty	0.7819x10^6 kcal/h
냉각수 소모량	97.7 ton/h

4.2.14 R1113(C2ClF3) 냉매를 이용한 증기 재압축 냉동 사이클의 전산모사

이번 절에서는 R1113 냉매를 이용한 증기 재압축 냉동 사이클에 대한 전산모사를 수행하였다. 아래의 [표 4.2.15]에는 R1113 냉매를 이용한 증기 재압축 냉동 사이클에 대한 전산모사 결과를 요약 정리하였다. [표 4.2.15]에 의하면 압축기 후단의 압력이 10.586 bar로 압축비는 8.8217으로 충분히 단일 압축기의 사용이 가능하다. 압축기 소요동력은 331.5 kW이며, 압축기 후단의 온도는 69.5°C이다. 냉매 증발기로 주입되는 냉매의 질량유량은 11,544.4 kg/h로 냉매 1 kg 당 잠열은 43.31 kcal/kg이다. 냉매 응축기의 heat duty는 0.7851x10^6 kcal/h이며 냉각수 소모량은 93.1 ton/h이다.

[표 4.2.15] R1113 냉매를 이용한 증기 재압축 냉동 사이클에 대한 전산모사 결과

항목	값
압축기 후단 압력	10.586 bar
압축비	8.8217
팽창밸브 후단 압력	1.2 bar
냉매 증발기로 주입되는 냉매 유량	11,544.4 kg/h
냉매 1 kg 당 잠열	43.31 kcal/kg
냉매 총 순환유량	20,704.3 kg/h
압축기 소요동력	331.5 kW
압축기 후단 온도	69.5°C
냉매 응축기 heat duty	0.7851x10^6 kcal/h
냉각수 소모량	98.1 ton/h

4.2.15 R1234yf(C3H2F4) 냉매를 이용한 증기 재압축 냉동 사이클의 전산모사

이번 절에서는 R1234yf 냉매를 이용한 증기 재압축 냉동 사이클에 대한 전산모사를 수행하였다. 아래의 [표 4.2.16]에는 R1234yf 냉매를 이용한 증기 재압축 냉동 사이클에 대한 전산모사 결과를 요약 정리하였다. [표 4.2.16]에 의하면 압축기 후단의 압력이 11.548 bar로 압축비는 9.6233으로 충분히 단일 압축기의 사용이 가능하다. 압축기 소요동력은 401.6 kW이며, 압축기 후단의 온도는 55.3℃이다. 냉매 증발기로 주입되는 냉매의 질량유량은 11,665.2 kg/h로 냉매 1 kg 당 잠열은 42.86 kcal/kg이다. 냉매 응축기의 heat duty는 0.8453×10^6 kcal/h이며 냉각수 소모량은 105.7 ton/h이다.

[표 4.2.16] R1113 냉매를 이용한 증기 재압축 냉동 사이클에 대한 전산모사 결과

항목	값
압축기 후단 압력	11.548 bar
압축비	9.6233
팽창밸브 후단 압력	1.2 bar
냉매 증발기로 주입되는 냉매 유량	11,665.2 kg/h
냉매 1 kg 당 잠열	42.86 kcal/kg
냉매 총 순환유량	25,225.0 kg/h
압축기 소요동력	401.6 kW
압축기 후단 온도	55.3°C
냉매 응축기 heat duty	0.8453×10^6 kcal/h
냉각수 소모량	105.7 ton/h

4.2.16 R12(CCl2F2) 냉매를 이용한 증기 재압축 냉동 사이클의 전산모사

이번 절에서는 R12 냉매를 이용한 증기 재압축 냉동 사이클에 대한 전산모사를 수행하였다. 아래의 [표 4.2.17]에는 R12 냉매를 이용한 증기 재압축 냉동 사이클에 대한 전산모사 결과를 요약 정리하였다. [표 4.2.17]에 의하면 압축기 후단의 압력이 10.826 bar로 압축비는 9.0217으로 충분히 단일 압축기의 사용이 가능하다. 압축기 소요동력은 338.5 kW이며, 압축

기 후단의 온도는 81.5°C이다. 냉매 증발기로 주입되는 냉매의 질량유량은 12,776.3 kg/h로 냉매 1 kg 당 잠열은 39.13 kcal/kg이다. 냉매 응축기의 heat duty는 0.7911x10^6 kcal/h이며 냉각수 소모량은 98.9 ton/h이다.

[표 4.2.17] R12 냉매를 이용한 증기 재압축 냉동 사이클에 대한 전산모사 결과

항목	값
압축기 후단 압력	10.826 bar
압축비	9.0217
팽창밸브 후단 압력	1.2 bar
냉매 증발기로 주입되는 냉매 유량	12,776.3 kg/h
냉매 1 kg 당 잠열	39.13 kcal/kg
냉매 총 순환유량	21,693.8 kg/h
압축기 소요동력	338.5 kW
압축기 후단 온도	81.5°C
냉매 응축기 heat duty	0.7911x10^6 kcal/h
냉각수 소모량	98.9 ton/h

4.2.17 R717(NH3) 냉매를 이용한 증기 재압축 냉동 사이클의 전산모사

이번 절에서는 R717 냉매를 이용한 증기 재압축 냉동 사이클에 대한 전산모사를 수행하였다. 아래의 [표 4.2.18]에는 R717 냉매를 이용한 증기 재압축 냉동 사이클에 대한 전산모사 결과를 요약 정리하였다. [표 4.2.18]에 의하면 압축기 후단의 압력이 17.739 bar로 압축비는 14.4825으로 충분히 단일 압축기의 사용이 가능하다. 압축기 소요동력은 353.8 kW이며, 압축기 후단의 온도는 253.6°C이다. 냉매 증발기로 주입되는 냉매의 질량유량은 1,517.3 kg/h로 냉매 1 kg 당 잠열은 329.53 kcal/kg이다. 냉매 응축기의 heat duty는 0.7042x10^6 kcal/h이며 냉각수 소모량은 100.5 ton/h이다.

[표 4.2.18] R717 냉매를 이용한 증기 재압축 냉동 사이클에 대한 전산모사 결과

항목	값
압축기 후단 압력	17.739 bar
압축비	14.4825
팽창밸브 후단 압력	1.2 bar
냉매 증발기로 주입되는 냉매 유량	1,517.3 kg/h
냉매 1 kg 당 잠열	329.53 kcal/kg
냉매 총 순환유량	2,053.2 kg/h
압축기 소요동력	353.8 kW
압축기 후단 온도	253.6°C
냉매 응축기 heat duty	0.7042×10^6 kcal/h
냉각수 소모량	100.5 ton/h

4.2.18 R161(C2H5F) 냉매를 이용한 증기 재압축 냉동 사이클의 전산모사

이번 절에서는 R161 냉매를 이용한 증기 재압축 냉동 사이클에 대한 전산모사를 수행하였다. 아래의 [표 4.2.19]에는 R161 냉매를 이용한 증기 재압축 냉동 사이클에 대한 전산모사 결과를 요약 정리하였다. [표 4.2.19]에 의하면 압축기 후단의 압력이 15.410 bar로 압축비는 12.8417으로 충분히 단일 압축기의 사용이 가능하다. 압축기 소요동력은 399.4 kW이며, 압축기 후단의 온도는 115.5°C이다. 냉매 증발기로 주입되는 냉매의 질량유량은 1,517.3 kg/h로 냉매 1 kg 당 잠열은 329.53 kcal/kg 이다. 냉매 응축기의 heat duty는 0.8434×10^6 kcal/h이며 냉각수 소모량은 105.4 ton/h이다.

[표 4.2.19] R161 냉매를 이용한 증기 재압축 냉동 사이클에 대한 전산모사 결과

항목	값
압축기 후단 압력	15.410 bar
압축비	12.8417
팽창밸브 후단 압력	1.2 bar
냉매 증발기로 주입되는 냉매 유량	4,953.6 kg/h
냉매 1 kg 당 잠열	100.94 kcal/kg
냉매 총 순환유량	8,384.3 kg/h
압축기 소요동력	399.4 kW
압축기 후단 온도	115.5°C
냉매 응축기 heat duty	0.8434×10^6 kcal/h
냉각수 소모량	105.4 ton/h

4.2.19 R161(C2H5F) 냉매를 이용한 증기 재압축 냉동 사이클의 전산모사

이번 절에서는 R161 냉매를 이용한 증기 재압축 냉동 사이클에 대한 전산모사를 수행하였다. 아래의 [표 4.2.20]에는 R161 냉매를 이용한 증기 재압축 냉동 사이클에 대한 전산모사 결과를 요약 정리하였다. [표 4.2.20]에 의하면 압축기 후단의 압력이 15.410 bar로 압축비는 12.8417으로 충분히 단일 압축기의 사용이 가능하다. 압축기 소요동력은 399.4 kW이며, 압축기 후단의 온도는 115.5°C이다. 냉매 증발기로 주입되는 냉매의 질량유량은 1,517.3 kg/h로 냉매 1 kg 당 잠열은 329.53 kcal/kg이다. 냉매 응축기의 heat duty는 0.8434x10^6 kcal/h이며 냉각수 소모량은 105.4 ton/h이다.

[표 4.2.20] R161 냉매를 이용한 증기 재압축 냉동 사이클에 대한 전산모사 결과

항목	값
압축기 후단 압력	15.410 bar
압축비	12.8417
팽창밸브 후단 압력	1.2 bar
냉매 증발기로 주입되는 냉매 유량	4,953.6 kg/h
냉매 1 kg 당 잠열	100.94 kcal/kg
냉매 총 순환유량	8,384.3 kg/h
압축기 소요동력	399.4 kW
압축기 후단 온도	115.5°C
냉매 응축기 heat duty	0.8434x10^6 kcal/h
냉각수 소모량	105.4 ton/h

4.2.20 R115(C2F5Cl) 냉매를 이용한 증기 재압축 냉동 사이클의 전산모사

이번 절에서는 R115 냉매를 이용한 증기 재압축 냉동 사이클에 대한 전산모사를 수행하였다. 아래의 [표 4.2.21]에는 R115 냉매를 이용한 증기 재압축 냉동 사이클에 대한 전산모사 결과를 요약 정리하였다. [표 4.2.21]에 의하면 압축기 후단의 압력이 15.410 bar로 압축비는 12.8417으로 충분히 단일 압축기의 사용이 가능하다. 압축기 소요동력은 399.4 kW이며, 압축기 후단의 온도는 115.5°C이다. 냉매 증발기로 주입되는 냉매의 질량유량은 1,517.3 kg/h

로 냉매 1 kg 당 잠열은 329.53 kcal/kg이다. 냉매 응축기의 heat duty는 $0.8434x10^6$ kcal/h이며 냉각수 소모량은 105.4 ton/h이다.

[표 4.2.21] R115 냉매를 이용한 증기 재압축 냉동 사이클에 대한 전산모사 결과

항목	값
압축기 후단 압력	14.996 bar
압축비	12.8417
팽창밸브 후단 압력	1.2 bar
냉매 증발기로 주입되는 냉매 유량	4,953.6 kg/h
냉매 1 kg 당 잠열	100.94 kcal/kg
냉매 총 순환유량	8,384.3 kg/h
압축기 소요동력	399.4 kW
압축기 후단 온도	115.5°C
냉매 응축기 heat duty	$0.8434x10^6$ kcal/h
냉각수 소모량	105.4 ton/h

4.3 각종 냉매의 종류별 LNG 1톤에 함유되어 있는 냉열 가격의 추산

4.2절에서 공급 온도 별로 다양한 냉매에 대한 냉동 사이클에 대한 전산모사를 수행하였다. 이를 바탕으로 해서 냉매의 공급 온도 별로 LNG 1톤에 함유되어 있는 냉열 가격을 산출해 보면 아래의 [그림 4.3.1]과 같음을 알 수 있다. 아래의 [그림 4.3.1]을 보면 냉매의 공급 온도가 낮을수록 LNG 1톤에 함유되어 있는 냉열 가격이 반비례해서 높아지는 것을 알 수 있다.

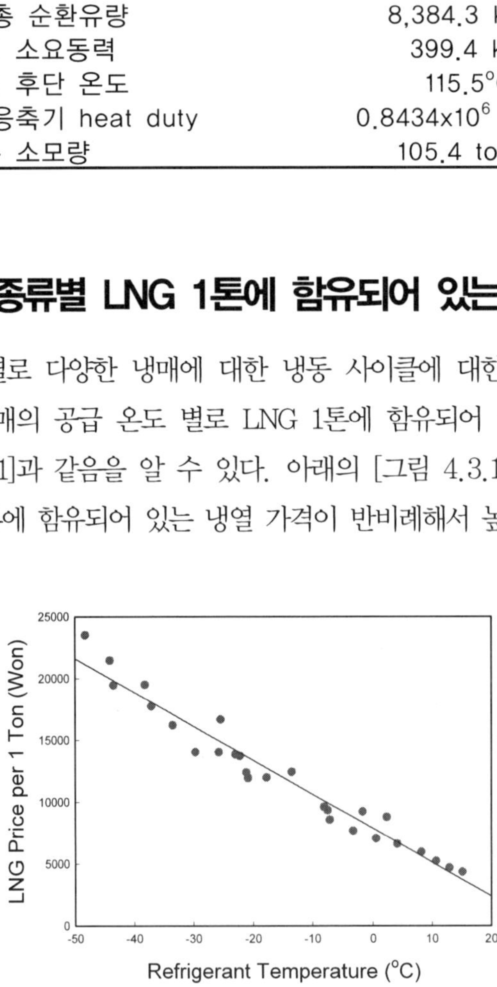

[그림 4.3.1] 냉매의 공급 온도에 따른 LNG 1톤에 함유되어 있는 냉열 가격 산출 그래프

참고 문헌

[1] The vapour pressures of pure substances: selected values of the temperature dependence of the vapour pressures of some pure substances in the normal and low pressure region, second revised edition, Elsevier (1984)

저자소개

조 정호 - 공주대학교 화학공학부

Aspen Plus를 이용한 냉동공정 설계

A-JIN

인　　쇄 : 2020년 11월 25일
발　　행 : 2020년 11월 30일
저　　자 : 조정호
발 행 처 : 도서출판 아진
437-120
경기도 의왕시 이미로 40 (포일동 653번지)
인덕원IT밸리 A동 1019호
TEL:02-737-0663 FAX:02-737-0664
Homepage:ajin.to
E-mail:kgb@ajin.to
발 행 인 : 김 근 배
등록번호 : 제330-1995-56호
I S B N : 978-89-5761-710-6　　93570

가격 30,000원

본 교재는 2020년도 산업통상자원부의 재원으로 한국에너지기술평가원(KETEP)의 에너지인력양성사업으로 지원받아 수행한 인력양성 성과입니다. (No. 20194010201730)